Sitzungsberichte der Heidelberger Akademie der Wissenschaften

Mathematisch-naturwissenschaftliche Klasse

Die Jahrgänge bis 1921 einschließlich erschienen im Verlag von Carl Winter, Universitäts-buchhandlung in Heidelberg, die Jahrgänge 1922—1933 im Verlag Walter de Gruyter & Co. in Berlin, die Jahrgänge 1934—1944 bei der Weiß'schen Universitätsbuchhandlung in Heidelberg. 1945, 1946 und 1947 sind keine Sitzungsberichte erschienen.

Ab Jahrgang 1948 erscheinen die „Sitzungsberichte" im Springer-Verlag.

Inhalt des Jahrgangs 1948:

Inhalt des Jahrgangs 1949:

Sitzungsberichte
der Heidelberger Akademie der Wissenschaften
Mathematisch-naturwissenschaftliche Klasse

Jahrgang 1962/64 3. Abhandlung

Die Struktur der symplektischen Gruppe über lokalen und dedekindschen Ringen

Von

Wolfram Jehne

Mathematisches Institut der Universität Heidelberg

(Vorgelegt in der Sitzung vom 9. November 1963)

Springer-Verlag Berlin Heidelberg GmbH 1964

ISBN 978-3-662-21810-5   ISBN 978-3-662-21809-9 (eBook)
DOI 10.1007/978-3-662-21809-9

Die Struktur der symplektischen Gruppe über lokalen und dedekindschen Ringen

HELMUT HASSE zum 65. Geburtstag gewidmet

Von

Wolfram Jehne

Mathematisches Institut der Universität Heidelberg

Inhalt

Einleitung

Kürzlich hat W. KLINGENBERG [14]—[16] in Verallgemeinerung der klassischen Einfachheitsaussagen über Körpern gezeigt, daß die projektive spezielle lineare Gruppe und gewisse projektive orthogonale Kommutatorgruppen über lokalen Ringen an Normalteilern nur die Hauptkongruenzgruppen besitzen. Diese Resultate legen die Vermutung nahe, daß ein analoger Sachverhalt, den man als arithmetische Einfachheit bezeichnen kann, für alle klassischen Gruppen über lokalen Ringen gilt, natürlich mit gewissen schon über Körpern bestehenden Ausnahmen. In dieser Arbeit wird die Vermutung für die symplektische Gruppe bestätigt für den Fall, daß der Restklassenkörper von 2 verschiedene Charakteristik hat und mehr als 3 Elemente enthält (Lokaler Normalteilersatz § 3).

Ein entsprechender globaler Sachverhalt besteht nicht mehr für *alle* Normalteiler der symplektischen Gruppe. Klassische Gegenbeispiele von FRICKE und WOHLFAHRT [22] zeigen, daß schon für die gewöhnliche Modulgruppe 1-ten Grades Normalteiler von endlichem Index existieren, die keine Kongruenzgruppen sind, geschweige denn Hauptkongruenzgruppen. Dieses rein gruppentheoretische Phänomen kann bisher nur mit Hilfe von Modulfunktionen bewiesen werden.

Jedoch erhält man ein globales Analogon der lokalen arithmetischen Einfachheit der symplektischen Gruppe durch Einführung der Kongruenztopologie (§ 1.3): Über dedekindschen Ringen mit endlicher Klassenzahl, in denen 2 Einheit ist und sämtliche Restklassenkörper mehr als 3 Elemente haben, besitzt die projektive symplektische Gruppe an *abgeschlossenen* Normalteilern nur die Hauptkongruenzgruppen (Globaler Normalteilersatz § 4.4). Sein Beweis erfolgt durch Untersuchung der Idelgruppe der symplektischen Gruppe, also durch Anwendung des Lokalisierungsprinzips, dessen Einführung in die Theorie der metrischen Räume man H. HASSE [10] verdankt.

Ein ähnliches Resultat besteht für die mit der symplektischen Gruppe eng verbundene symplektische Lie-Algebra. Sie erweist sich über beliebigen kommutativen Ringen, in denen 2 Einheit ist (und nur über diesen), als relativ-einfach in folgendem Sinn: Die Lie-Ideale sind gerade die erweiterten Lie-Ideale, die aus Idealen des Grundringes entstehen (§ 4.1).

Für lokale Grundringe, insbesondere im kompakten Fall, kann die Struktur der symplektischen Gruppe und ihrer p-Sylow-Gruppen weitgehend bestimmt werden (§ 4.2, 3). In einem ersten Schritt werden die m-adischen Filtrierungen der symplektischen Lie-Algebra und Gruppe miteinander in Beziehung gesetzt: Der nach einem Verfahren von W. MAGNUS [18] und M. LAZARD [17] zur symplektischen Gruppe assoziierte Lie-Ring stimmt im wesentlichen mit der assoziierten graduierten Lie-Algebra der symplektischen Lie-Algebra überein (§ 4.2). Im zweiten Schritt wird gezeigt, daß die m-adische Filtrierung der zum maximalen Ideal gehörigen Hauptkongruenzgruppe mit der algebraischen absteigenden Zentralreihe übereinstimmt, jedenfalls unter den Voraussetzungen des lokalen Normalteilersatzes (§ 4.2). Im Fall endlicher Restklassenkörper der Charakteristik p können dann die q-Sylow-Gruppen der symplektischen Gruppe bestimmt werden: Für $q \neq p$ sind sie isomorph zu den q-Sylow-Gruppen über dem Restklassenkörper, für $q = p$ sind sie topologisch endlich erzeugt und können als Matrixgruppen explizit charakterisiert werden (§ 4.2). Im charakteristik-ungleichen Fall kompakter diskreter Bewertungsringe wird genauer bewiesen, daß die zum Primideal gehörige Hauptkongruenzgruppe bezüglich des Ringes der ganzen rational-p-adischen Zahlen als exponentiellem Operatorenbereich endlich erzeugt ist; die minimale Erzeugendenzahl kann angegeben werden (§ 4.3). Dazu wird das bekannte Hensel-Hassesche Verfahren (HASSE [11]) zur Konstruktion von Grundeinseinheiten auf kompakte p-Gruppen verallgemeinert.

Diese lokalen Resultate ergeben unmittelbar die Struktur des „endlichen Bestandteils" der Idelgruppe der symplektischen Gruppe über einem dedekindschen Ring. Da im Fall endlicher Klassenzahl die globale symplektische Gruppe in ihrer Idelgruppe (endlicher Bestandteil!) dicht ist, ist somit die Struktur ihrer vollständigen Hülle weitgehend bestimmt (§ 4.3). Daraus lassen sich im Zahlkörperfall die Indexformeln für die Hauptkongruenzgruppen folgern, wie sie von H. KLINGEN [13] aufgestellt wurden.

Einem Ergebnis von SHIMURA [21] über Modulfunktionen zu Hauptkongruenzgruppen der Siegelschen Modulgruppe entnimmt man, daß die vervollständigte Siegelsche Modulgruppe konkret als Galois-Gruppe des Körpers aller Modulfunktionen zu Hauptkongruenzgruppen beliebiger Stufe über dem Körper der Siegelschen Modulfunktionen realisierbar ist (§ 4.4). Ihre Struktur kann daher als bekannt angesehen werden.

Die ersten beiden Paragraphen haben vorbereitenden Charakter. Es erwies sich für diese Arbeit als zweckmäßig, die elementaren Begriffe und Eigenschaften nichtsingulärer metrischer Räume über kommutativen Ringen, insbesondere den Höhenbegriff für metrische Automorphismen, kurz zu entwickeln, da dies in dieser Allgemeinheit bisher nicht geschehen zu sein scheint (§ 1). § 2 enthält für lokale Grundringe den im Körperfall wohlbekannten Sachverhalt (DIEUDONNÉ [7], ARTIN [1]), daß jede symplektische Transformation sich durch eine beschränkte Anzahl von Haupttransvektionen darstellen läßt. Für dedekindsche Grundringe endlicher Klassenzahl erweist sich die Gruppe der Haupttransvektionen fester Höhe (Stufe) als dicht in der Hauptkongruenzgruppe gleicher Höhe (§ 4.3). Dies kann als eine Verallgemeinerung eines klassischen

Satzes von FRICKE (WOHLFAHRT [22]) über die Stufe von Untergruppen der Modulgruppe 1-ten Grades angesehen werden.

Bezeichnungen: Alle mit R bezeichneten Ringe haben ein Einselement und sind kommutativ, sofern nicht anders ausdrücklich gesagt wird; die Einheitengruppe wird mit E bezeichnet. Alle lokalen Ringe sind noethersch, mit dem maximalen Ideal $\mathfrak{m}$ und dem Restklassenkörper $\mathfrak{K}$.

§ 1. Metrische Räume über Ringen

1. Die Grundbegriffe für beliebige Grundringe

Sei R ein beliebiger (kommutativer) Ring mit 1, V ein endlich-erzeugter projektiver R-Modul, d.h. ein endlich-erzeugter direkter Summand eines freien R-Moduls. Eine symmetrische bzw. alternierende Bilinearform $(x, y) \in R$ auf $V \times V$ macht V zu einem *metrischen (orthogonalen* bzw. *symplektischen) Raum.* Wir schreiben auch $(x, y) = xy$ und $(x, x) = x^2$ $(x, y \in V)$. Ein metrischer Raum V werde *nichtsingulär* bzw. *nichtisotrop* genannt, wenn die Abbildung

$$\varphi: \quad V \ni z \to (z, *) \in V^* = Hom_R(V, R) \tag{1.0}$$

von V in den Dualmodul V^* ein Isomorphismus bzw. Monomorphismus ist. Der Annullator $\{x \in V \mid (x, A) = 0\}$ einer Teilmenge $A \subseteq V$ wird mit $A^\perp$ bezeichnet; es gilt stets $A^{\perp\perp\perp} = A^\perp$. Unter den Teilmoduln U von V werden genau die direkten Summanden von V als *Unterräume* aufgefaßt, versehen mit der eingeschränkten Bilinearform $(*, *)_U$ als Metrik. Unterräume der Form Re bzw. $Re_1 \oplus Re_2$ heißen *Geraden* bzw. *Ebenen*, Unterräume H mit einer Geraden als komplementärem direkten Summanden *Hyperebenen.* Dann gilt:

Ist V ein nichtsingulärer metrischer Raum, so gilt für jeden Unterraum U von V

$$U^\perp \simeq (V/U)^*, \quad V/U^\perp \simeq U^*, \quad U^{\perp\perp} = U. \tag{1.1}$$

Mit U ist auch $U^\perp$ Unterraum von V. Für einen Unterraum U sind folgende Eigenschaften äquivalent:

(a) *U nichtsingulär*   (b) *$U^\perp$ nichtsingulär*   (c) $V = U \oplus U^\perp$.

Beweis: In dem linken der beiden folgenden Diagramme

$$
\begin{array}{ccccccc}
0 \to & U^\perp & \xrightarrow{\text{inj}} & V & \to V/U^\perp \to 0 & \quad & U^{\perp\perp} \to (V/U^\perp)^* \\
 & \downarrow & & \varphi\downarrow & \downarrow\bar\varphi_U & ; & \text{inj}\uparrow \qquad \uparrow\bar\varphi_U^* \\
0 \to & (V/U)^* & \xrightarrow{\text{inj}} & V^* & \xrightarrow{\text{res}_U} U^* \to 0 & \quad & U \qquad \to \quad U^{**}
\end{array}
\tag{1.2}
$$

entstehe die obere exakte Zeile aus dem Restklassenepimorphismus $V \to V/U^\perp$; da U direkter Summand in V ist, ist die Restriktionsabbildung $V^* \xrightarrow{\mathrm{res}_U} U^*$ der Dualmoduln ein Epimorphismus, also die untere Zeile ebenfalls exakt. Der Kern des zusammengesetzten Homomorphismus $\mathrm{res}_U \circ \varphi = \varphi_U$ ist $U^\perp$ und das Bild ist U^*, denn nach Voraussetzung ist $\varphi: V \cong V^*$ ein Isomorphismus; daher induziert φ_U einen Isomorphismus $\overline{\varphi}_U: V/U^\perp \cong U^*$, während die Restriktion $\varphi|U^\perp$ von φ auf $U^\perp$ den Isomorphismus $U^\perp \cong (V/U)^*$ liefert. Nun ist mit U auch $U^* = \mathrm{Hom}_R(U, R)$ wieder projektiv, also nach dem Gesagten auch $V/U^\perp$ projektiv, folglich ist $U^\perp$ direkter Summand und damit Unterraum von V.

Zum Nachweis von $U^{\perp\perp} = U$ wird das rechte Diagramm (1.2) konstruiert. Dabei sei $\nu: U \to U^{**}$ der natürliche Homomorphismus von U in seinen Bidualmodul, definiert durch $U \ni x \to \tilde{x} = \{f \to f(x) \mid f \in U^*\} \in U^{**}$; ferner sei $\overline{\varphi}_U^*$ der durch $\overline{\varphi}_U: V/U^\perp \to U^*$ bestimmte Homomorphismus $U^{**} \to (V/U^\perp)^*$, definiert durch $U^{**} \ni \lambda \to \lambda \circ \overline{\varphi}_U$. Nun sind $\varphi|U^{\perp\perp}$ und $\overline{\varphi}_U^*$ Isomorphismen, und für projektive Moduln U ist auch $\nu: U \cong U^{**}$ ein Isomorphismus. Ferner ist das rechte Diagram (1.2) kommutativ bzw. antikommutativ, je nachdem ob V orthogonaler oder symplektischer Raum ist. Denn einerseits ist $\varphi|U^{\perp\perp} \circ \mathrm{inj}: U \ni x \to \{\overline{z} \to (x, z)\} \in (V/U^\perp)^*$, andererseits gilt $\overline{\varphi}_U^* \circ \nu: U \ni x \to \{\overline{z} \to (z, x)\} \in (V/U^\perp)^*$, wobei $\overline{z} \in V/U^\perp$ und $z \in \overline{z}$ ein Urbild in V bezeichnet. Also ist die Injektion $\mathrm{inj}: U \to U^{\perp\perp}$ ein Isomorphismus, und daher $U = U^{\perp\perp}$.

Da mit U auch $U^\perp$ Unterraum und somit (c) symmetrisch in U und $U^\perp$ ist, genügt es, die Äquivalenz von (a) und (c) nachzuweisen. Ist U nichtsingulär, so ist die zu $(*, *)_U$ gehörige Abbildung (1.0) ein Isomorphismus $\varphi^U: U \cong U^*$; dieser stimmt gerade mit der Einschränkung von $\varphi_U = \mathrm{res}_U \circ \varphi$ auf U überein, was $V = U \oplus U^\perp$ ergibt. Umgekehrt folgt aus $V = U \oplus U^\perp$, daß U ein nichtsingulärer Unterraum ist. Identifiziert man nämlich $V^* = U^* \oplus (U^\perp)^*$, so werden U, $U^\perp$ durch φ in U^* bzw. $(U^\perp)^*$ abgebildet, und die Restriktionen stimmen mit φ^U bzw. $\varphi^{U\perp}$ überein: $\varphi = \varphi^U \oplus \varphi^{U\perp}$; da φ ein Isomorphismus ist, so auch φ^U und $\varphi^{U\perp}$. q.e.d.

Ein Element x bzw. ein Untermodul M des metrischen Raumes V heißt *isotrop*, wenn $x x = x^2 = 0$ bzw. $M \cap M^\perp \neq (0)$; M heißt *totalisotrop*, falls $M \subseteq M^\perp$ gilt. Ein Unterraum U ist nichtisotrop genau dann, wenn $U \cap U^\perp = (0)$ ist. Ist V R-freier Modul mit der Basis z_i, so ist $d(V) = \det(z_i z_k)$ mod E^2 eine Invariante von V, die *Diskriminante von V* genannt wird; dabei bezeichnet E die Einheitengruppe von R und E^2 die Gruppe aller Quadrate aus E. Genau dann ist V nichtsingulär, wenn $d(V) \in E/E^2$ ist ([4], § 2, Prop. 3).

Ein metrischer Raum V heiße *orthogonale Summe* $V = \underset{i=1}{\overset{r}{\perp}} V_i$ der Unterräume V_i, wenn $V = \underset{i=1}{\overset{r}{\oplus}} V_i$ und $(V_i, V_j) = 0$ für alle $i \neq j$. Eine Ebene E heiße *hyperbolisch*, wenn eine Basis e, e' mit $e^2 = e'^2 = 0$ und $ee' = 1$ existiert; ein *hyperbolischer Raum* V ist eine orthogonale Summe $V = \perp E_i$ von hyperbolischen Ebenen E_i. Eine Basis e_i, e_i' von V mit $e_i e_j = e_i' e_j' = 0$ und $e_i e_j' = 1$ oder 0 für $i = j$ bzw. $i \neq j$ wird *hyperbolische Basis* genannt. Jeder hyperbolische Raum ist nichtsingulär, da er die Diskriminante 1 hat.

Für ein Element x bzw. einen Untermodul M des projektiven Moduls V wird das kleinste Ideal $\mathfrak{a}$ von R mit $x \in \mathfrak{a} V$ bzw. $M \subseteq \mathfrak{a} V$ als die *Höhe* $o_V(x)$ bzw. $o_V(M)$ *von* x bzw. M *in* V bezeichnet[1]. Es bestehen folgende elementare Regeln:

$$V = \oplus R z_i, \quad x = \sum \alpha_i z_i \Rightarrow o_V(x) = (\alpha_1, \ldots, \alpha_m), \tag{1.3}$$

$$o_V(x) = o_U(x) \quad \text{falls} \quad x \in \text{direktem Summanden } U \text{ von } V, \tag{1.4}$$

$$o_V(\lambda x + \mu y) \subseteq \lambda o_V(x) + \mu o_V(y) \quad (x, y \in V; \ \lambda, \mu \in R). \tag{1.5}$$

Ist V R-frei und $\bar{z} \in \bar{V} = V/\mathfrak{a} V$ für ein Ideal $\mathfrak{a}$, so gilt

$$o_{\bar{V}}(\bar{z}) = R/\mathfrak{a} \Rightarrow o_V(e) + \mathfrak{a} = R \quad \text{für alle} \quad e \in \bar{z}. \tag{1.6}$$

Ist V hyperbolischer Raum, so gilt mit $xV = \{xy \mid y \in V\}$ und $MV = \{xy \mid x \in M, y \in V\}$ für einen Untermodul M

$$o_V(x) = xV, \quad o_V(M) = MV. \tag{1.7}$$

Im folgenden wird für festes V auch $o(x)$ für $o_V(x)$ geschrieben.

Die Gruppe aller Isometrien des metrischen Raumes V, d.h. der Modulautomorphismen σ von V mit $\sigma x \, \sigma y = x \, y \, (x, y \in V)$, wird mit $Aut(V)$ bezeichnet. Für orthogonale, symplektische bzw. totalisotrope Räume wird $Aut(V)$ die *orthogonale, symplektische bzw. volle lineare Gruppe* $O(V)$, $Sp(V)$ bzw. $GL(V)$ genannt. Für hyperbolische Räume V vom Rang $m = 2n$ schreiben wir auch $O_{2n}(R)$ bzw. $Sp_{2n}(R)$. Für freies V wird auch $GL(V) = GL_m(R)$ und die spezielle lineare Gruppe aller $\sigma \in GL_m(R)$ mit $\det \sigma = 1$ mit $SL_m(R)$ bezeichnet.

Jedes Ideal $\mathfrak{a}$ bestimmt natürliche Homomorphismen $\nu_\mathfrak{a}: R \to R/\mathfrak{a} = \bar{R}$ und $h_\mathfrak{a}: V \to V/\mathfrak{a} V = \bar{V}$; $\bar{V}$ ist als $\bar{R}$-Modul projektiv, da

---

[1] Dieser Begriff wird in [14] Ordnung genannt.

V R-projektiv ist. Durch die Definition $(h_\alpha x, h_\alpha y) = \nu_\alpha(x, y)$ $(x, y \in V)$ einer $\overline{R}$-Bilinearform auf $\overline{V} \times \overline{V}$ wird $\overline{V}$ zu einem metrischen Raum über $\overline{R}$ gemacht. Ist V R-frei, so wird durch ν_α eine Abbildung $\overline{\nu}_\alpha \colon d(V) \to d(\overline{V})$ der Diskriminanten induziert, da $\nu_\alpha \colon E \to \overline{E}$ die Einheitengruppe von R homomorph in die von $\overline{R}$ abbildet. Folglich ist $\overline{V}$ frei und nichtsingulär, wenn V frei und nichtsingulär ist.

Der natürliche Epimorphismus h_α induziert einen Homomorphismus der Isometriegruppen $\varphi_\alpha \colon Aut(V) \to Aut(V/\alpha V)$, definiert durch $(\varphi_\alpha \sigma)(h_\alpha z) = h_\alpha(\sigma z)$. Der Kern $Ke\, \varphi_\alpha = Aut(V, \alpha)$ heißt *engere Hauptkongruenzgruppe* mod α; und das Urbild des Zentrums $\varphi_\alpha^{-1} Zentr\, Aut(V/\alpha V) = Aut^*(V, \alpha)$ *weitere Hauptkongruenzgruppe* mod α. Beide Untergruppen sind Normalteiler von $Aut(V)$ mit $Aut(V, \alpha) \subseteq Aut^*(V, \alpha)$; sie werden im orthogonalen, symplektischen bzw. totalisotropen Fall auch mit $O(V, \alpha)$, $O^*(V, \alpha)$ bzw. $Sp(V, \alpha)$ $Sp^*(V, \alpha)$ bzw. $GL(V, \alpha)$, $GL^*(V, \alpha)$ bezeichnet.

2. Hyperbolische Räume über lokalen und dedekindschen Ringen

Von besonderem Interesse sind die metrischen Räume, die als Moduln frei sind, kurz: *freie metrische Räume*. Zwei Klassen von Ringen R haben nun die Eigenschaft, daß alle freien Unterräume U eines freien nichtsingulären metrischen Raumes V über R freie Annullatoren $U^\perp$ haben: lokale und dedekindsche Ringe. Für lokale Ringe sind sogar alle metrischen Räume frei, da alle projektiven Moduln über lokalen Ringen frei sind (etwa BOURBAKI [3], Chap. II, § 3, Cor. 2). Für dedekindsche Ringe R läßt sich jedem endlich erzeugten projektiven Modul P nach einem Verfahren von STEINITZ-KAPLANSKI (etwa [19], § 81) eine Idealklasse $\tilde{a} = \mathrm{Inv}(P)$ in der Idealklassengruppe von R als Invariante zuordnen mit den Eigenschaften: $\mathrm{Inv}(P \oplus P') = \mathrm{Inv}(P) \cdot \mathrm{Inv}(P')$, und $\mathrm{Inv}(P) = 1 \Leftrightarrow P$ R-frei. Für einen endlich erzeugten freien R-Modul $F = U \oplus U'$ mit freiem direkten Summanden U ist daher auch U' frei. Dann ist auch für jeden freien Unterraum U eines nichtsingulären freien metrischen Raumes V der R-Modul $(V/U)^*$ frei, und folglich nach (1.1) auch $U^\perp$ R-frei. Darüber hinaus ergibt (1.1)

$$rg\, V = rg\, U + rg\, U^\perp \quad \text{falls} \quad U \text{ freier Unterraum.} \tag{1.8}$$

Wir zeigen nun zunächst für lokale Grundringe die Möglichkeit des „Hochhebens" hyperbolischer Basen.

Satz 1.1: *Sei V ein metrischer Raum über dem lokalen Ring R; für orthogonales V werde noch vorausgesetzt:*

$$R \text{ vollständig und } \text{Char. } \mathfrak{K} \neq 2. \tag{*}$$

Ist für ein Ideal $\mathfrak{a} \neq R$ der Raum $V/\mathfrak{a}V$ hyperbolisch mit der hyperbolischen Basis $\bar{e}_i, \bar{e}'_i$, so existieren Urbilder $e_i \in \bar{e}_i$, $e'_i \in \bar{e}'_i$ in V, die eine hyperbolische Basis von V bilden.

Beweis: Durch Vergröberung mod $\mathfrak{m}V$ erhält man eine hyperbolische Basis von $V/\mathfrak{m}V$, die Diskriminante von $V/\mathfrak{m}V$ ist also 1. Nun bildet der natürliche Homomorphismus $\nu_{\mathfrak{m}}: R \to R/\mathfrak{m} = \mathfrak{K}$ die Diskriminante $d(V)$ auf $d(V/\mathfrak{m}V)$ ab. Das Urbild $\nu_{\mathfrak{m}}^{-1}\mathfrak{K}^{\times}$ der Einheitengruppe $\mathfrak{K}^{\times}$ von $\mathfrak{K}$ ist die Einheitengruppe E von R, da R lokal ist; folglich ist $d(V) \in E/E^2$ und daher V nichtsingulär.

Seien $z_1 \in \bar{e}_1$, $z'_1 \in \bar{e}'_1$ beliebige Urbilder in V. Da $\lambda = z_1 z'_1 \equiv 1 \ (\mathfrak{m})$ eine 1-Einheit in R ist, gilt auch $\lambda^{-1} z'_1 \in \bar{e}'_1$; ohne Einschränkung kann also $z_1 z'_1 = 1$ angenommen werden. Im symplektischen Fall sind alle Elemente isotrop, hier erfüllen $e_1 = z_1$, $e'_1 = z'_1$ schon $e_1^2 = e_1'^2 = 0$ und $e_1 e'_1 = 1$.

Im orthogonalen Fall kann man unter den Voraussetzungen (*) in der multiplikativen Gruppe $1 + \mathfrak{a}$ die Quadratwurzel ziehen: $(1 + \mathfrak{a})^2 = 1 + \mathfrak{a}$. Denn ist R vollständig und hat $\mathfrak{K}$ Primzahlcharakteristik p, so gestattet $1 + \mathfrak{a}$ bekanntlich den Ring der ganzen rational-p-adischen Zahlen als exponentiellen Operatorenbereich[1]. Für $p \neq 2$ ist daher die Potenzierung mit $\frac{1}{2}$ auf $1 + \mathfrak{a}$ erklärt. Für Char $\mathfrak{K} = 0$ ist R epimorphes Bild eines formalen Potenzreihenringes $\hat{R}$ über $\mathfrak{K}$ in endlich vielen Unbestimmten, dessen volle 1-Einheitengruppe $1 + \hat{\mathfrak{m}}$ ebenfalls epimorph auf $1 + \mathfrak{m}$ abgebildet wird. Da man in $\hat{R}$ aus jeder Reihe mit konstantem Glied 1 aus $1 + \hat{\mathfrak{a}}$ ($\hat{\mathfrak{a}}$ Ideal in $\hat{R}$) die Quadratwurzel in $1 + \hat{\mathfrak{a}}$ ziehen kann, gilt dies auch für $1 + \mathfrak{a}$.

Für orthogonales V sei $z_1^2 = \alpha_1 \in \mathfrak{a}$, $z_1'^2 = \alpha'_1 \in \mathfrak{a}$ und $z_1 z'_1 = 1$. Man löse $1 - \alpha_1 \alpha'_1 = (1 - \alpha_0)^2$ in $\alpha_0 \in \mathfrak{a}$ und setze $e'_1 = (1 - \frac{1}{2}\alpha_0) z'_1 - \frac{1}{2}\alpha'_1 z_1$. Dann ist $e'_1 \in \bar{e}'_1$ und die Rechnung ergibt $e_1'^2 = 0$. Ferner ist $e'_1 z_1 = \lambda \equiv 1 \ (\mathfrak{a})$ eine 1-Einheit, und mit $e_1 = \lambda^{-1} z_1 - \frac{1}{2} \lambda^{-2} \alpha_1 e'_1 \in \bar{e}_1$ wird $e_1^2 = 0$ und $e_1 e'_1 = 1$.

In beiden Fällen ist $E_1 = Re_1 \oplus Re'_1$ ein freier R-Modul, der durch $h_{\mathfrak{a}}$ auf die hyperbolische Ebene $\bar{E}_1 = R\bar{e}_1 \oplus R\bar{e}'_1 \subseteq V/\mathfrak{a}V$ abgebildet wird. Nach einem bekannten Satz für Moduln über lokalen Ringen[2] ist daher E_1 direkter Summand in V, also eine hyper-

---

[1] Für vollständige diskrete Bewertungsringe bei Hasse [11], § 15; siehe noch § 4.3 dieser Arbeit.

[2] Siehe etwa [3], Chap. II, § 3, Prop. 6.

bolische Ebene in V. Nach 1. ist $V = E_1 \perp E_1^\perp$, und aus $h_\alpha E_1^\perp \subseteq \overline{E}_1^\perp$, $h_\alpha V = \overline{V}$ und $h_\alpha E_1 = \overline{E}_1$ folgt $h_\alpha E_1^\perp = \overline{E}_1^\perp = \bigoplus_2^n \overline{R}\overline{e}_i \oplus \bigoplus_2^n \overline{R}\overline{e}_i'$. Nach Induktionsannahme kann die hyperbolische Basis $\overline{e}_i, \overline{e}_i'$ $(i \geq 2)$ von $\overline{E}_1^\perp$ zu einer solchen von $E_1^\perp$ hochgehoben werden, womit der Satz bewiesen ist.

Folgerung 1: *Unter den Voraussetzungen von Satz 1.1 ist ein metrischer Raum V genau dann hyperbolisch, wenn $V/\mathfrak{m}V$ hyperbolisch ist.*

Folgerung 2: *Für einen symplektischen Raum V über einem lokalen Ring sind folgende Eigenschaften äquivalent: (a) V nichtsingulär, (b) V nichtisotrop und Kokern φ R-frei, (c) V hyperbolisch, (a') $V/\mathfrak{m}V$ nichtsingulär, (b') $V/\mathfrak{m}V$ nichtisotrop, (c') $V/\mathfrak{m}V$ hyperbolisch, sowie die (a)—(c) entsprechenden Eigenschaften für $V/\mathfrak{a}V$ für ein oder jedes Ideal $\mathfrak{a} \subseteq \mathfrak{m}$.*

Der Beweis der 2. Folgerung geschieht nach dem Schema $(a) \Rightarrow (a') \Rightarrow (b') \Rightarrow (c') \Rightarrow (c) \Rightarrow (a) \Rightarrow (b) \Rightarrow (b')$. Die erste Implikation folgt wegen $v_\mathfrak{m}d(V) = d(V/\mathfrak{m}V) \neq 0$, die zweite ist eine logische Abschwächung. Über einem Körper ist bekanntlich jeder nichtisotrope symplektische Raum hyperbolisch ([1], Theorem 3.7; [4], § 5, Cor. 1), also gilt $(b') \Rightarrow (c')$. Folgerung 1 ergibt $(c') \Rightarrow (c)$; $(c) \Rightarrow (a)$ ist trivial, während aus $\varphi: V \xrightarrow{\sim} V^*$ insbesondere die Monomorphie von φ und Kokern $\varphi = V^*/\varphi V$ $(= 0)$ R-frei folgt. $(b) \Rightarrow (b')$ ergibt sich wieder aus dem zitierten Satz. Die weiteren Äquivalenzen für $V/\mathfrak{a}V$ statt V sind dann klar, da $R/\mathfrak{a}$ ein lokaler Ring mit gleichem Restklassenkörper $\mathfrak{R}$ ist.

Ein *prüferscher Ring* ist nach [5] ein Integritätsbereich, in dem alle endlich-erzeugten Ideale invertierbar sind, oder gleichbedeutend, über dem alle endlich erzeugten torsionsfreien Moduln projektiv sind. Unter die prüferschen Ringe fallen auch die Hauptordnungen unendlicher algebraischer Zahlkörper.

Ergänzungssatz: *Sei V ein hyperbolischer Raum über dem lokalen oder prüferschen Ring R. Jedes Element e der Höhe R erzeugt eine Gerade Re in V. Jedes isotrope Element e der Höhe R kann zu einer hyperbolischen Basis einer hyperbolischen Ebene E von V ergänzt werden.*

Ist V ein symplektischer hyperbolischer Raum über einem lokalen oder dedekindschen Ring R, so kann jedes Element der Höhe R zu einer hyperbolischen Basis von V ergänzt werden.

Es sei bemerkt, daß für orthogonale Räume über lokalen Ringen noch ein etwas schärferer Ergänzungssatz gültig ist (Klingenberg [15], Satz 6).

Beweis: Für lokale Grundringe ist $o_V(e) = R$ äquivalent mit $h_m e = \bar{e} \neq 0$ in $\overline{V} = V/mV$, folglich ist Re direkter Summand in V als Urbild der Geraden $\Re\bar{e}$ in $\overline{V}$. Wir zeigen zunächst den

Hilfssatz 1: *Sei F ein freier Modul endlichen Ranges über dem Integritätsbereich R. Ist $o_V(z) = R$ für ein $z \in F$, so ist F/Rz torsionsfrei.*

Beweis: Ist $F = \overset{m}{\underset{1}{\oplus}} Rz_i$ und $z = \overset{m}{\underset{1}{\sum}} \gamma_i z_i$, so impliziert $o_V(z) = (\gamma_1, \ldots, \gamma_m) = R$ die Existenz von $\beta_i \in R$ mit $\sum \beta_i \gamma_i = 1$. Für ein $x = \sum \lambda_i z_i \in F$ mit $\alpha x = \nu z \in Rz$ $(0 \neq \alpha \in R, \nu \in R)$ ergibt Koeffizientenvergleich $\alpha \lambda_i = \nu \gamma_i$, und daher $\nu = \nu \sum \beta_i \gamma_i = \alpha \sum \beta_i \lambda_i$. Also ist $x = (\alpha^{-1}\nu)z \in Rz$. q.e.d.

Für prüfersche Ringe ist dann aber V/Re als torsionsfreier Modul projektiv, also Re auch in diesem Fall direkter Summand.

Sei nun $e = \sum \gamma_i e_i + \sum \gamma_i' e_i'$ die Darstellung des isotropen Elements e der Höhe R durch eine hyperbolische Basis e_i, e_i' von V. Ist wie eben $\sum \beta_i \gamma_i + \sum \beta_i' \gamma_i' = 1$ mit geeigneten $\beta_i, \beta_i' \in R$, so gilt für das Element $v = \sum \beta_i e_i' \pm \sum \beta_i' e_i$ (verschiedene Vorzeichen, je nachdem der orthogonale oder symplektische Fall vorliegt) $ev = 1$. Im symplektischen Fall sei $e' = v$ gesetzt; für orthogonale V gilt mit $e' = v - \lambda e$ für $v^2 = 2\lambda$ wegen $e^2 = 0$ ebenfalls $e'^2 = 0$ und $ee' = 1$. Dabei ist zu beachten, daß in orthogonalen hyperbolischen Räumen jedes Element z eine durch 2 teilbare Länge hat: $z^2 = 2\lambda$. In jedem Fall ist $E = Re \oplus Re'$ ein freier Untermodul von V mit $e^2 = e'^2 = 0$ und $ee' = 1$. Es soll gezeigt werden, daß E direkter Summand von V, also eine hyperbolische Ebene in V ist.

Für lokale Grundringe ist $\overline{E} = h_m E$ eine hyperbolische Ebene in V/mV, also wie eben E direkter Summand in V. Für prüfersche Ringe genügt es, die Torsionsfreiheit des Faktormoduls V/E zu zeigen. Ist nun für ein $x \in V$ $\alpha x = \beta e + \beta' e' \in E$ $(0 \neq \alpha \in R)$, so wird $\alpha(xe') = \beta$, $\alpha(xe) = \pm \beta'$, d.h. α teilt β und β'. Das ergibt $x = (\alpha^{-1}\beta)e + (\alpha^{-1}\beta')e' \in E$. Folglich ist V/E projektiv, also E direkter Summand. Damit ist die erste Aussage des Satzes bewiesen.

Nun ist E nichtsingulärer Unterraum von V, nach **1.** also $V = E \perp E^\perp$ und auch $E^\perp$ nichtsingulär. Zum Nachweis der zweiten

Aussage genügt es, unter den Zusatzvoraussetzungen $E^\perp$ als hyperbolisch zu erkennen. Für lokales R ist dies klar nach Folgerung 2. Ist R dedekindsch, so ist $E^\perp$ zunächst wieder frei. Als symplektischer Raum enthält $E^\perp$ ein isotropes Element c der Höhe R, sofern $E^\perp \neq (0)$; für $E^\perp = (0)$ ist ja die Behauptung bewiesen. Nun existiert, wie eben gezeigt, ein $z' \in V$ mit $cz' = 1$; zerlegt man $z' = v + c'\,(v \in E, c' \in E^\perp)$, so wird auch $cc' = 1$. Nach dem Gesagten ist dann $E_2 = Rc + Rc'$ eine hyperbolische Ebene, die orthogonaler direkter Summand in $E^\perp$ ist. Iteration ergibt in der Tat, daß $E^\perp$ orthogonale Summe hyperbolischer Ebenen ist, womit der Satz bewiesen ist.

Für dedekindsche Ringe ist ein Hochheben hyperbolischer Basen im Sinn von Satz 1.1 im allgemeinen nicht möglich, nicht einmal für symplektische Räume. Doch bleibt für diese folgende schwächere Aussage gültig, die im folgenden wichtig ist.

Satz 1.2: *Sei R ein dedekindscher Ring mit endlicher Klassenzahl, V ein symplektischer hyperbolischer Raum über R. Jedes Element $\bar{e} \in \bar{V} = V/\mathfrak{a}V$ der Höhe $o_{\bar{V}}(\bar{e}) = R/\mathfrak{a}$ hat ein Urbild e in V, das zu einer hyperbolischen Basis von V ergänzt werden kann.*

Hilfssatz 2: (KLINGEN [12]): *Sei R ein dedekindscher Ring mit endlicher Klassenzahl. Zu $\alpha, \gamma \in R$ und einem Ideal $\mathfrak{b} \neq (0)$ mit $(\alpha, \gamma, \mathfrak{b}) = R$ existiert ein $\varrho \in R$ mit $(\gamma + \varrho\alpha, \mathfrak{b}) = R$.*

Hilfssatz 3: *Sei F ein freier Modul über dem dedekindschen Ring R mit endlicher Klassenzahl und sei $rg_R F \geq 2$. Für jedes $e_1 \in F$ mit $o_F(e_1) = \mathfrak{b} \neq (0)$ und $\mathfrak{b} + \mathfrak{a} = R$ existiert ein $e \in F$ mit $e \equiv e_1 (\mathfrak{a}F)$ und $o_F(e) = R$. Re ist direkter Summand in F.*

Beweis von Hilfssatz 3: Mit einer Basisdarstellung $e_1 = \sum_1^m \gamma_i z_i$ $(\gamma_i \neq 0)$ gilt nach (1.3) $o(e_1) = (\gamma_1, \ldots, \gamma_m) = \mathfrak{b}$. Ist $e_1 = \gamma_1 z_1$, so erfüllt mit α zu $(\gamma_1, \mathfrak{a}) = (\gamma_1, \alpha) = R$ das Element $e = e_1 + \alpha z_2$ die Eigenschaft $o_F(e) = R$. Ist $e_1 \neq \gamma_1 z_1$, so ist $\mathfrak{b}_1 = (\gamma_2, \ldots, \gamma_m) \neq 0$; mit $\mathfrak{b}_1 + \mathfrak{a} = \mathfrak{b}_1 + (\alpha)$ folgt nach Hilfssatz 2 $(\gamma_1 + \varrho\alpha, \mathfrak{b}_1) = R$ mit $\varrho \in R$. Dann erfüllt $e = e_1 + \varrho\alpha z_1$ schon $e \equiv e_1(\mathfrak{a}V)$ und $o(e) = R$. Nach Hilfssatz 1, und da R dedekindsch, ist F/Re projektiv und daher Re direkter Summand.

Beweis von Satz 1.2: Nach der Höhenregel (1.6) folgt für jedes $e_1 \in \bar{e}$, $e_1 \in V$: $o_V(e_1) + \mathfrak{a} = R$. Nach Hilfssatz 3 gibt es dann auch ein Urbild $e \in \bar{e}$ der Höhe R. Nach dem Ergänzungssatz kann e zu einer hyperbolischen Basis von V ergänzt werden.

3. Produkte metrischer Räume; der Höhenbegriff

Seien $R_\iota (\iota \in I)$ beliebig viele kommutative Ringe mit 1 und V_ι ein unitärer R_ι-Modul; das Produkt $\tilde{V} = \prod\limits_{\iota \in I} V_\iota$ der V_ι ist dann ein unitärer $\tilde{R} = \prod\limits_{\iota \in I} R_\iota$-Modul. Sind alle $V_\iota = R_\iota^m$ freie Moduln gleichen Ranges m, so ist auch $\tilde{V} = \prod\limits_\iota \prod\limits_{k=1}^{m} R_\iota \simeq \prod\limits_{k=1}^{m} \prod\limits_\iota R_\iota = \tilde{R}^m$ ein freier $\tilde{R}$-Modul vom Rang m. Folglich ist für projektive R_ι-Moduln V_ι mit beschränkter Erzeugendenzahl $\leq m$ wegen $R_\iota^m = V_\iota \times W_\iota$ und $\prod\limits_\iota R_\iota^m \simeq (\prod\limits_\iota V_\iota) \times (\prod\limits_\iota W_\iota)$ auch $\tilde{V}$ ein projektiver $\tilde{R}$-Modul von höchstens m Erzeugenden.

Seien die V_ι nun sämtlich orthogonale oder sämtlich symplektische Räume von höchstens m Erzeugenden über R_ι mit den Bilinearformen $(x_\iota, y_\iota)_\iota$. Durch $(\tilde{x}, \tilde{y})^{\sim} = ((x_\iota, y_\iota)_\iota \,|\, \iota \in I) \in \tilde{R}$ mit $\tilde{x} = (x_\iota)$, $\tilde{y} = (y_\iota) \in \tilde{V}$ wird eine symmetrische bzw. alternierende $\tilde{R}$-Bilinearform auf $\tilde{V} \times \tilde{V}$ definiert, die $\tilde{V}$ zu einem orthogonalen bzw. symplektischen Raum über $\tilde{R}$ macht. $\tilde{V}$ heißt *metrischer Produktraum* der V_ι.

Für jedes $\sigma_\iota \in Aut\,(V)$ ist die durch $\tilde{x} \to \tilde{\sigma}\tilde{x} = (\sigma_\iota x_\iota)$ definierte Abbildung $\tilde{\sigma}$ ein $\tilde{R}$-Modulautomorphismus von $\tilde{V} = \prod V_\iota$, der die Metrik $(\tilde{x}, \tilde{y})^{\sim}$ invariant läßt. Offenbar definiert die Abbildung $(\sigma_\iota \,|\, \iota \in I) \to \tilde{\sigma}$ einen Gruppenisomorphismus

$$\prod\limits_\iota Aut\,(V_\iota) \simeq Aut\,(\tilde{V}). \tag{1.9}$$

Daraus erhält man für ein $\tilde{R}$-Produktideal $\tilde{a} = \prod a_\iota$ von R_ι-Idealen a_ι unmittelbar die induzierten Isomorphismen der Hauptkongruenzgruppen:

$$\prod\limits_\iota Aut\,(V_\iota,\, a_\iota) \simeq Aut\,(\tilde{V},\, \prod a_\iota), \tag{1.10}$$

$$\prod\limits_\iota Aut^*\,(V_\iota,\, a_\iota) \simeq Aut^*\,(\tilde{V},\, \prod a_\iota). \tag{1.10'}$$

Nun sei V ein metrischer Raum über dem Ring R, $\{a_\iota\} (\iota \in I)$ eine Menge von Idealen in R. Dann gilt:

$$\left.\begin{aligned} Aut\big(V,\, \bigcap\limits_\iota a_\iota\big) &= \bigcap\limits_\iota Aut\,(V,\, a_\iota); \\ (\ldots,\, Aut\,(V,\, a_\iota),\, \ldots) &\subseteq Aut\,(V,\, (\ldots,\, a_\iota,\, \ldots)). \end{aligned}\right\} \tag{1.11}$$

Die wichtige analoge Beziehung für die weiteren Hauptkongruenzgruppen gilt nur unter einer Zusatzvoraussetzung:

Hat der Ring R die Eigenschaft, daß die Abbildungen $\varphi_\mathfrak{a}$: $\mathrm{Aut}(V) \to \mathrm{Aut}(V/\mathfrak{a}V)$ Epimorphismen sind für alle Ideale $\mathfrak{a}$, so gilt sogar

$$\mathrm{Aut}^*\!\left(V, \bigcap_\iota \mathfrak{a}_\iota\right) = \bigcap_\iota \mathrm{Aut}^*(V, \mathfrak{a}_\iota), \tag{1.12}$$

$$(\ldots, \mathrm{Aut}^*(V, \mathfrak{a}_\iota), \ldots) \subseteq \mathrm{Aut}^*(V, (\ldots, \mathfrak{a}_\iota, \ldots)). \tag{1.12'}$$

Zum Beweis sei $\varphi_{\mathfrak{a},\mathfrak{b}}$: $\mathrm{Aut}(V/\mathfrak{a}V) \to \mathrm{Aut}(V/\mathfrak{b}V)$ für Ideale $\mathfrak{a} \subseteq \mathfrak{b}$ der natürliche Homomorphismus mit $\varphi_\mathfrak{b} = \varphi_{\mathfrak{a},\mathfrak{b}} \circ \varphi_\mathfrak{a}$; dann ist $\mathrm{Aut}(V, \mathfrak{a}) \subseteq \mathrm{Aut}(V, \mathfrak{b})$, woraus die Inklusionen $\subseteq$ in beiden Formeln (1.11) folgen. Zum Nachweis der Gleichheit in (1.11) betrachte man das metrische Produkt $\widetilde{V} = \prod_\iota V_\iota$ der metrischen Räume $V_\iota = V/\mathfrak{a}_\iota V$ Die Diagonaleinbettung $V \to \widetilde{V}$ vermöge $x \to (h_{\mathfrak{a}_\iota} x) \in \widetilde{V}$ definiert einen metrischen Monomorphismus $\bar{h}$: $V/\bigcap_\iota (\mathfrak{a}_\iota V) \to \widetilde{V}$. Identifiziert man $\mathrm{Aut}(\widetilde{V}) = \prod \mathrm{Aut}(V_\iota)$ nach (1.9) und beachtet $\bigcap_\iota (\mathfrak{a}_\iota V) = \left(\bigcap_\iota \mathfrak{a}_\iota\right) V$ für projektive Moduln V, so erhält man durch δ: $\mathrm{Aut}(V/\mathfrak{a}_0 V) \ni \bar{\sigma} \to \tilde{\sigma} = (\varphi_{\mathfrak{a}_0, \mathfrak{a}_\iota} \bar{\sigma}) \in \mathrm{Aut}(\widetilde{V})$ $(\mathfrak{a}_0 = \cap \mathfrak{a}_\iota)$ eine eindeutige Fortsetzung $\tilde{\sigma}$ von $\bar{h} \circ \bar{\sigma} \circ \bar{h}^{-1} \in \mathrm{Aut}\!\left(\bar{h}(V/\mathfrak{a}_0 V)\right) \simeq \mathrm{Aut}(V/\mathfrak{a}_0 V)$ auf $\mathrm{Aut}(\widetilde{V})$. Folglich ist

$$\delta: \ \mathrm{Aut}(V/\mathfrak{a}_0 V) \to \mathrm{Aut}(\widetilde{V})$$

ein Monomorphismus. Einerseits hat die durch $\tilde{\varphi}(\sigma) = (\varphi_{\mathfrak{a}_\iota} \sigma)$ definierte Diagonalabbildung $\tilde{\varphi}$: $\mathrm{Aut}(V) \to \prod \mathrm{Aut}(V/\mathfrak{a}_\iota V)$ den Kern $\bigcap_\iota \mathrm{Aut}(V, \mathfrak{a}_\iota)$, andererseits ist $\tilde{\varphi}$ mit δ durch $\tilde{\varphi} = \delta \circ \varphi_{\mathfrak{a}_0}$ verknüpft. Da δ ein Monomorphismus ist, folgt Kern $\tilde{\varphi} = $ Kern $\varphi_{\mathfrak{a}_0}$, und daher die erste Gleichung (1.11).

Sind alle $\varphi_\mathfrak{a}$ Epimorphismen, so ist $\tilde{\varphi}\,\mathrm{Aut}(V)$ subdirektes Produkt der $\mathrm{Aut}(V/\mathfrak{a}_\iota V)$. Für ein subdirektes Produkt G von beliebigen Gruppen G_ι, d.h. einer Untergruppe $G \subseteq \prod_\iota G_\iota$ mit $pr_{G_\iota} G = G_\iota$ für alle ι, gilt aber die Zentrumsbeziehung $\mathrm{Zentr}\,G = G \cap \prod_\iota \mathrm{Zentr}\,G_\iota$. Somit ist

$$\mathrm{Zentr}\,\tilde{\varphi}\,\mathrm{Aut}(V) = \tilde{\varphi}\,\mathrm{Aut}(V) \cap \mathrm{Zentr}\,\mathrm{Aut}(\widetilde{V}).$$

Wegen $\tilde{\varphi} = \delta \circ \varphi_{\mathfrak{a}_0}$ und der Monomorphie von δ ist δ: $\mathrm{Aut}(V/\mathfrak{a}_0 V) \xrightarrow{\sim} \tilde{\varphi}\,\mathrm{Aut}(V)$ und daher für die Restriktion $\mathrm{Zentr}\,\mathrm{Aut}(V/\mathfrak{a}_0 V) \xrightarrow{\sim} \tilde{\varphi}\,\mathrm{Aut}(V) \cap \mathrm{Zentr}\,\mathrm{Aut}(\widetilde{V})$. Das Urbild bei $\tilde{\varphi}$ der rechten Seite ist $\bigcap_\iota \mathrm{Aut}^*(V, \mathfrak{a}')$, das Urbild bei $\varphi_{\mathfrak{a}_0}$ der linken Seite $\mathrm{Aut}^*(V, \mathfrak{a}_0)$. Dies hat unmittelbar die behauptete Gleichheit (1.12) zur Folge.

Die Inklusion (1.12′) folgt schließlich aus der Tatsache, daß für Ideale $\mathfrak{a} \subseteq \mathfrak{b}$ mit $\varphi_{\mathfrak{a}}$, $\varphi_{\mathfrak{b}}$ auch $\varphi_{\mathfrak{a},\mathfrak{b}}$ ein Epimorphismus ist und folglich $\varphi_{\mathfrak{a},\mathfrak{b}}\, ZentrAut\,(V/\mathfrak{a}\,V) \subseteq ZentrAut\,(V/\mathfrak{b}\,V)$ gilt. Daher ist wegen $\varphi_{\mathfrak{b}} = \varphi_{\mathfrak{a},\mathfrak{b}} \circ \varphi_{\mathfrak{a}}$ stets $Aut^*\,(V,\mathfrak{a}) \subseteq Aut^*\,(V,\mathfrak{b})$ für $\mathfrak{a} \subseteq \mathfrak{b}$, was (1.12′) impliziert.

Die Formeln (1.11) und (1.12) gestatten je eine wichtige Anwendung. Formel (1.11) zeigt zunächst, daß jede Filterbasis $\{\mathfrak{a}_\iota \,|\, \iota \in I\}$ von Idealen $\mathfrak{a}_\iota$ aus R in $Aut\,(V)$ einer Filterbasis $\{Aut\,(V, \mathfrak{a}_\iota)\,|\, \iota \in I\}$ von Normalteilern bestimmt, die auf $Aut\,(V)$ als Umgebungsbasis der 1 eine Topologie definiert, die eine *Kongruenztopologie* genannt werde. Diese Topologie ist genau dann separiert, wenn die durch $\{\mathfrak{a}_\iota\}$ gegebene Idealtopologie separiert ist, d.h. $\bigcap\limits_{\iota \in I} \mathfrak{a}_\iota = (0)$ gilt.

Nach (1.12) gibt es unter den angegebenen Voraussetzungen über den Grundring R zu jedem $\sigma \in Aut\,(V)$ bzw. jeder Untergruppe $H \subseteq Aut\,(V)$ ein kleinstes Ideal $\mathfrak{a}$ mit $\sigma \in Aut^*\,(V, \mathfrak{a})$ bzw. $H \subseteq Aut^*\,(V, \mathfrak{a})$; es werde die *Höhe von* σ bzw. H in $Aut\,(V)$ genannt und mit $o\,(\sigma) = o_{Aut\,(V)}\,(\sigma)$ bzw. $o\,(H) = o_{Aut\,(V)}\,(H)$ bezeichnet[1]. Die Voraussetzung zu (1.12) wird von lokalen Grundringen für nichtsinguläre und totalisotrope Räume erfüllt; im orthogonalen und totalisotropen Fall wurde dies von Klingenberg in [15] (Folgerung zu Theorem 2) bzw. in [14] (Satz 2 und Korollar zu Theorem 2) bewiesen, für symplektische Räume wird es in § 2 dieser Arbeit festgestellt.

Für die Höhe gelten folgende Regeln

$$o\,(\omega^{-1}\sigma\omega) = o\,(\sigma), \qquad o\,(\omega^{-1}H\omega) = o\,(H), \qquad (\sigma,\ \omega \in Aut\,(V)), \qquad (1.13)$$

$$o\,(\sigma\omega) \leq o\,(\sigma) + o\,(\omega). \qquad\qquad (1.14)$$

§ 2. Erzeugung der Hauptkongruenzgruppen durch Transvektionen

Sei V ein symplektischer Raum über dem Ring R. Die Identität in $Sp\,(V)$ wird mit id bezeichnet. Jedes Element $a \in V$ gibt Anlaß zu einem Endomorphismus $(*, a)\,a$ des unterliegenden R-Moduls V, definiert durch $x \to (x, a)\,a$. Dieser Endomorphismus bestimmt für jedes $\lambda \in R$ ein Element $\tau = \tau_{a,\lambda} = id + \lambda\,(*, a)\,a$ aus $Sp\,(V)$, das *symplektische Transvektion* oder kurz *Transvektion* genannt wird. Definiert $a = e$ eine Gerade Re in V, so heißt $\tau_{e,\lambda}$ eine *Haupt-*

---

[1] Dieser Begriff wurde von Klingenberg in [14], [15] eingeführt und dort Ordnung genannt. Auf die Existenz wurde in diesen Arbeiten nicht eingegangen.

transvektion; sie hat ein Hauptideal als Höhe:

$$o(\tau_{e,\lambda}) = \lambda R \text{ falls } Re \text{ Gerade des freien nichtsingulären} \atop \text{Raumes } V \text{ ist.} \quad\Big\} \quad (2.1)$$

Dies ergibt sich leicht unter Verwendung von (3.1).

Ferner gilt

$$\sigma \tau_{a,\lambda} \sigma^{-1} = \tau_{\sigma a,\lambda} \qquad \big(a \in V,\ \lambda \in R,\ \sigma \in Sp(V)\big), \qquad (2.2)$$

$$\tau_{a,\lambda} \tau_{a,\mu} = \tau_{a,\lambda+\mu} \qquad (\lambda,\ \mu \in R). \qquad (2.3)$$

Für jedes Ideal $\mathfrak{a}$ erzeugen die Haupttransvektionen τ einer Höhe $o(\tau) \subseteq \mathfrak{a}$ eine Untergruppe $\varDelta(V, \mathfrak{a}) = \varDelta_{2n}(R, \mathfrak{a})$ von $Sp(V)$, die nach (2.2) Normalteiler in $Sp(V)$ ist; es gilt

$$\varDelta(V, \mathfrak{a}) \subseteq Sp(V, \mathfrak{a}). \qquad (2.4)$$

Für eine beliebige Menge $\{\mathfrak{a}_\iota \,|\, \iota \in I\}$ von Idealen gilt wegen (2.3)

$$\varDelta\big(V, (\ldots, \mathfrak{a}_\iota, \ldots)\big) = (\ldots, \varDelta(V, \mathfrak{a}_\iota), \ldots); \quad \varDelta\big(V, \cap_\iota \mathfrak{a}_\iota\big) \subseteq \cap_\iota \varDelta(V, \mathfrak{a}_\iota), \quad (2.5)$$

$$o\big(\varDelta(V, \mathfrak{a})\big) = \mathfrak{a}. \qquad (2.6)$$

Die erste Beziehung (2.5) zeigt, daß es für jede Untergruppe H von $Sp(V)$ ein größtes Ideal $\mathfrak{a}$ gibt mit $\varDelta(V, \mathfrak{a}) \subseteq H$; dieses Ideal heißt die *Stufe st(H) von H.* Wir schreiben auch $\varDelta(V) = \varDelta(V, R)$.

Satz 2.1: *Sei V ein nichtsingulärer symplektischer Raum über dem lokalen Ring R vom Rang $2n$, $\mathfrak{a}$ ein Ideal in R. Jede symplektische Transformation aus $Sp(V, \mathfrak{a})$ ist Produkt von höchstens $4n^2$ Haupttransvektionen aus $\varDelta(V, \mathfrak{a})$. Insbesondere gilt*

$$Sp(V, \mathfrak{a}) = \varDelta(V, \mathfrak{a}).$$

Zum Beweis dieses Satzes sind zwei Hilfssätze erforderlich.

Hilfssatz 1: *Sei V ein nichtsingulärer symplektischer Raum über dem lokalen Ring R, $\mathfrak{a}$ ein Ideal $\subseteq \mathfrak{m}$.*

Zu $e,\ a \in V$ mit $o(e) = R$, $o(a) = \mathfrak{a}$ gibt es höchstens $4n-2$ Haupttransvektionen $\tau_i \in \varDelta(V, \mathfrak{a})$ mit der Eigenschaft $\tau_{4n-2} \ldots \tau_1(e+a) = e$.

Ist $E = Re \oplus Re'$ mit $ee' = 1$ eine hyperbolische Ebene in V und $a \in (Re)^\perp$, so existieren höchstens $4n-3$ Haupttransvektionen $\tau_i \in \varDelta(V, \mathfrak{a})$ mit $\tau_{4n-3} \ldots \tau_1(e) = e$, $\tau_{4n-3} \ldots \tau_1(e'+a) = e'$.

Beweis: Man wähle nach § 1, 2. durch e eine hyperbolische Ebene $E = Re + Re'$ $(ee' = 1)$ und eine R-Basis $z_i (i = 1, \ldots, 2(n-1))$ von $E^\perp$. Für $a = \alpha e + \alpha' e' + \sum\limits_{i=1}^{2(n-1)} \alpha_i z_i$ ist nach (1.3) $a = (\alpha,\ \alpha',\ \alpha_1,\ \ldots,\ \alpha_{2(n-1)})$.

Mit der Haupttransvektion $\tau = id + \lambda \alpha (*, e' - e)(e' - e) \in \Delta (V, \mathfrak{a})$ wird $\tau (e + a) = e + (\alpha + \alpha') e' + a_1$ mit $a_1 = \sum \alpha_i z_i \in E^\perp$, falls λ aus $\lambda (1 + \alpha + \alpha') = 1$ bestimmt wird. Mit $\tau' = id - \beta (*, e') e' \in \Delta (V, \mathfrak{a})$ wird $\tau' (e + \beta e' + a_1) = e + a_1$, wo $\beta = \alpha + \alpha'$ gesetzt wurde. Nun kann jedes Glied $\alpha_i z_i$ in jeweils höchstens 2 Schritten weggebracht werden. Dazu setze man Haupttransvektionen $\tau_i = id + \lambda_i \alpha_i (*, e' - z_i)(e' - z_i)$ $\in \Delta (V, \mathfrak{a})$ an und bestimme λ_i aus $\lambda_i (1 - a_i z_i) = 1$ für $a_i = \sum\limits_{j=i}^{2(n-1)} \alpha_j z_j$, was wegen $a_i z_i \in \mathfrak{a} \subseteq \mathfrak{m}$ möglich ist. Dann wird $\tau_i (e + a_i) = e + \alpha_i e' + a_{i+1}$, und nochmalige Anwendung von $\tau_i' = id - \alpha_i (*, e') e' \in \Delta (V, \mathfrak{a})$ ergibt $\tau_i' \tau_i (e + a_i) = e + a_{i+1}$. Insgesamt ist also $\tau_{2(n-1)}' \tau_{2(n-1)} \cdots \tau_1' \tau_1 \tau' \tau (e + a) = e$ bewiesen.

Das gleiche Verfahren erledigt auch den zweiten Teil des Hilfssatzes, indem man im Verfahren e durch e' ersetzt und beachtet, daß dann e bei allen auftretenden Transvektionen festbleibt, da wegen $a \in (Re)^\perp = Re \oplus E^\perp$ die erste Transvektion τ nicht auftritt. Die Anzahl der dabei verwendeten Transvektionen $\neq id$ ist also höchstens $4n - 3$.

Hilfssatz 2: *Unter den gleichen Voraussetzungen seien $e, z \in V$ mit $o(e) = o(z) = R$. Dann existieren höchstens 2 Haupttransvektionen τ_i der Höhe R mit $\tau_2 \tau_1 (z) = e$.*

Gilt für ein weiteres $y \in V$ der Höhe R

$$ey = ez \not\equiv 0 (\mathfrak{m}), \tag{2.7}$$

so existieren höchstens 2 Haupttransvektionen τ_i der Höhe R mit

$$\tau_2 \tau_1 e = e \quad und \quad \tau_2 \tau_1 z = y.$$

Beweis: Zum Beweis des ersten Teils sei zunächst $ez \not\equiv 0 (\mathfrak{m})$. Dann hat $b = z - e$ die Höhe $o(b) = R$ wegen $zb = ze \not\equiv 0 (\mathfrak{m})$, und die Haupttransvektion $\tau = id - \lambda (*, b) b$ mit $\lambda (zb) = 1$ bewirkt schon $\tau z = e$.

Sei nun $ez \equiv 0 (\mathfrak{m})$. Da $V / \mathfrak{m} V$ hyperbolisch ist und e, z modulo $\mathfrak{m} V$ ohne Einschränkung eine totalisotrope Ebene in $V / \mathfrak{m} V$ aufspannen (der kollineare Fall ist trivial), existiert ein $y \in V$ mit $ey \equiv zy \equiv 1 (\mathfrak{m})$. Wieder haben $b_1 = z - y$ und $b_2 = y - e$ wegen $zb_1 = -zb \equiv -1 (\mathfrak{m})$ und $yb_2 = -ye \equiv -1 (\mathfrak{m})$ die Höhe R; es gilt für die Haupttransvektionen $\tau_i = id + \lambda_i (*, b_i) b_i$ mit geeigneten λ_i wieder $\tau_1 z = y$ und $\tau_2 y = e$.

Für die zweite Behauptung sei wieder zunächst $yz \not\equiv 0 (\mathfrak{m})$ angenommen. Das Element $b = y - z$ hat wegen $yb = -yz \not\equiv 0 (\mathfrak{m})$ die

Höhe R, und die Haupttransvektion $\tau = id + \lambda(*, b)\,b$ mit $\lambda(zy) = 1$ bewirkt wegen $eb = 0$ gerade $\tau e = e$, $\tau z = y$.

Für $yz \equiv 0\,(\mathfrak{m})$ ist die Voraussetzung (2.7) $ey = e(e+y) = ez \equiv 0\,(\mathfrak{m})$ auch für $e + y$ erfüllt. Ferner ist $y(e+y) \equiv 0\,(\mathfrak{m})$ und $z(e+y) \equiv 0\,(\mathfrak{m})$. Also existieren Haupttransvektionen τ_1, τ_2 der Höhe R mit $\tau_1 e = \tau_2 e = e$ und $\tau_1 z = e + y$, $\tau_2(e+y) = y$. Damit ist der Hilfssatz bewiesen.

Nun kann der Beweis von Satz 2.1 leicht erbracht werden. Der Fall $\mathfrak{a} = (0)$ ist trivial, da beide Gruppen dann nur aus der Identität bestehen; sei daher $\mathfrak{a} \neq (0)$. Gegeben sei $\sigma \in Sp(V, \mathfrak{a})$ und eine hyperbolische Basis e_i, e_i' von V mit zugehörigen Ebenen E_i.

Im ersten Schritt werden höchstens $4n - 2$ Haupttransvektionen τ_i aus $\varDelta(V, \mathfrak{a})$ konstruiert, so daß $\tau_{4n-2} \ldots \tau_1 \sigma = \sigma_1$ den Fixpunkt e_1 hat. Für $\mathfrak{a} \subseteq \mathfrak{m}$ gilt $\sigma e_1 = e_1 + a$ mit $o(a) \subseteq \mathfrak{a}$, und Hilfssatz 1 sichert die Existenz der τ_i. Für $\mathfrak{a} = R$ genügen nach Hilfssatz 2 für $z = \sigma e$ sogar nur $2\,(\leq 4n - 2$ für alle $n)$ Haupttransvektionen.

Im zweiten Schritt gibt es zu σ_1 mit dem Fixpunkt e_1 wieder höchstens $4n - 2$ (sogar $\leq 4n - 3$ im Fall $\mathfrak{a} \subseteq \mathfrak{m}$) Haupttransvektionen $\tau_i' \in \varDelta(V, \mathfrak{a})$, so daß $\sigma_2 = (\prod \tau_i')\sigma_1$ die Fixebene $E_1 = Re_1 \oplus Re_1'$ hat. Denn im Fall $\mathfrak{a} \subseteq \mathfrak{m}$ kann wieder Hilfssatz 1 für $e = e_1$, $e' = e_1'$ und $a = \sigma_1 e_1' - e_1'$ angewendet werden, da die Voraussetzung $a \in (Re)^\perp$ wegen $e_1 a = e_1(\sigma_1 e_1' - e_1') = e_1 \sigma_1 e_1' - e_1 e_1' = \sigma_1 e_1 \sigma_1 e_1' - e_1 e_1' = 0$ erfüllt ist. Im Fall $\mathfrak{a} = R$ wird Hilfssatz 2 auf $z = \sigma_1 e_1'$, $y = e_1'$ angewandt, was wieder wegen $e_1 e_1' = \sigma_1 e_1 \sigma_1 e_1' = e_1 \sigma_1 e_1'$ möglich ist.

Man schließt nun durch Induktion. σ_2 induziert auf $E_1^\perp$ eine symplektische Transformation σ_2' aus $Sp(E_1^\perp, \mathfrak{a})$, die als Produkt von höchstens $4(n-1)^2$ Haupttransvektionen τ_j aus $\varDelta(E_1^\perp, \mathfrak{a})$ angenommen werden kann. Der Induktionsanfang ist in dem obigen Verfahren für $n = 1$ enthalten. Dann ist $\sigma_2 = id_{E_1} \perp \sigma_2'$ Produkt der höchstens $4(n-1)^2$ Haupttransvektionen $\tau_j^* = id_{E_1} \perp \tau_j \in \varDelta(V, \mathfrak{a})$, also σ Produkt von höchstens $4(n-1)^2 + 2(4n-2) = 4n^2$ Haupttransvektionen aus $\varDelta(V, \mathfrak{a})$. Damit ist Satz 2.1 bewiesen.

Als Folgerung ergibt sich wegen (2.5), daß für jede Menge $\{\mathfrak{a}_\iota \mid \iota \in I\}$ von Idealen gilt

$$Sp(V, (\ldots, \mathfrak{a}_\iota, \ldots)) = (\ldots, Sp(V, \mathfrak{a}_\iota), \ldots) \quad \text{falls } R \text{ lokal.} \qquad (2.8)$$

Satz 2.2: *Sei V ein hyperbolischer symplektischer Raum über dem lokalen oder dedekindschen Ring R, $e \in V$ ein festes Element der Höhe $o(e) = R$.*

Jede Haupttransvektion aus $\Delta(V)$ ist konjugiert zu einer solchen der Form $\tau = id + \alpha(*, e)\, e$ mit $\alpha \in R$. Folglich ist $\Delta(V, \mathfrak{a})$ der kleinste Normalteiler von $Sp(V)$, der alle Haupttransvektionen $\tau = id + \alpha(*, e)\, e$ mit $\alpha \in \mathfrak{a}$ enthält.

Beweis: Sei $\tau' = id + \alpha(*, c)\, c$ eine Haupttransvektion aus $\Delta(V)$. Wegen $o(c) = R$ können nach dem Ergänzungssatz in § 1, 2 c und e zu hyperbolischen Basen c_i, c_i' bzw. e_i, e_i' ergänzt werden: $e_1 = e$, $c_1 = c$. Der durch $\sigma c_i = e_i$, $\sigma c_i' = e_i'$ definierte R-Modulautomorphismus ist symplektisch mit $\sigma c = e$. Nach (2.2) ist daher $\sigma \tau' \sigma^{-1} = \tau$, wie behauptet.

Hilfssatz 3: *Für freie nichtsinguläre symplektische Räume V über lokalen oder dedekindschen Ringen mit endlicher Klassenzahl ist die Abbildung*

$$\varphi_{\mathfrak{c}}\colon \; \Delta(V, \mathfrak{a}) \to \Delta(V/\mathfrak{c}\,V, \; \mathfrak{a}/\mathfrak{c}) \tag{2.9}$$

ein Epimorphismus für alle Ideale $\mathfrak{c} \subseteq \mathfrak{a}$.

Beweis: Denn nach Satz 1.1 bzw. Hilfssatz 3 aus § 1, 2 hat jedes Element $\bar{e} \in V/\mathfrak{c}\,V$ der Höhe $R/\mathfrak{c}$ ein Urbild $e \in \bar{e}$ in V, so daß Re eine Gerade ist. Folglich hat jede Haupttransvektion $\bar{\tau} = id + \bar{\alpha}(*, \bar{e})\,\bar{e} \in \Delta(V/\mathfrak{c}\,V, \; \mathfrak{a}/\mathfrak{c})$ mit $\bar{\alpha} \in \mathfrak{a}/\mathfrak{c}$ ein Urbild $\tau = id + \alpha(*, e)\,e \in \Delta(V, \mathfrak{a})$ bei $\varphi_{\mathfrak{c}}$ mit $\alpha \in \bar{\alpha}$.

Nach Satz 2.1 sind daher für lokale Ringe die Abbildungen

$$\varphi_{\mathfrak{c}}\colon \; Sp(V, \mathfrak{a}) \to Sp(V/\mathfrak{c}\,V, \; \mathfrak{a}/\mathfrak{c}) \tag{2.9'}$$

Epimorphismen. Nach dem in § 1, 3 Gesagten existiert daher für lokale Grundringe ein Höhenbegriff in $Sp(V)$.

§ 3. Die arithmetische Einfachheit der projektiven symplektischen Gruppe über lokalen Ringen

1. Zentrum und gemischte Kommutatorgruppen

Mit $EW_m(R)$ werde die multiplikative Gruppe der m-ten Einheitswurzeln eines Ringes R bezeichnet.

Satz 3.1: *Sei V ein freier nichtsingulärer symplektischer Raum über dem Ring R. Dann gilt für das Zentrum*

$$Zentr\, Sp(V) = \{\varepsilon \cdot id \mid \varepsilon \in EW_2(R)\} \simeq EW_2(R). \tag{3.1}$$

Sei R ein lokaler Ring. Für Char $\Re \neq 2$ *ist*

$$Zentr\, Sp(V) = (\pm id), \;\; also \;\; Sp^*(V, \mathfrak{a}) = (\pm id) \times Sp(V, \mathfrak{a}). \tag{3.2}$$

Enthält $\mathfrak{K}$ mehr als 3 Elemente, so gilt für die gemischten Kommutatorgruppen

$$[Sp(V), Sp^*(V, \mathfrak{a})] = Sp(V, \mathfrak{a}) \text{ für jedes Ideal } \mathfrak{a}. \qquad (3.3)$$

Beweis: Der Nachweis von (3.1) verläuft wie für Körper (ARTIN [1], DIEUDONNÉ [7], [8]), indem zunächst gezeigt wird:

$Zentr\,Sp(V)$ stimmt mit der Gruppe aller symplektischen Transformationen überein, die alle Geraden invariant lassen.

Sei $\sigma \in Zentr\,Sp(V)$. Dann ist $\sigma\tau\sigma^{-1} = \tau$ für alle Haupttransvektionen $\tau = id + (*, e)\,e$ nach (2.2) gleichbedeutend mit $(z, \sigma e)\,\sigma e = (z, e)\,e$ für alle z, $e \in V$, für die Re Gerade ist. Da V nichtsingulär und mit Re auch $R\sigma e$ eine Gerade ist, gibt es Elemente e', $c \in V$ mit $ee' = 1$, $c\sigma e = 1$. Also folgt $R\sigma e = Re$. Läßt umgekehrt σ alle Geraden invariant, so gilt für eine beliebige R-Basis z_i von V: $\sigma z_i = \lambda(z_i)\,z_i$ und $\lambda(z_i + z_1) \cdot (z_i + z_1) = \sigma(z_i + z_1) = \sigma z_i + \sigma z_1 = \lambda(z_i)\,z_i + \lambda(z_1)\,z_1$. Koeffizientenvergleich ergibt die Konstanz der $\lambda(z_i)$, und daher auch $\sigma z = \lambda z$ für alle z mit konstantem $\lambda \in R$. Also gehört σ zu $Zentr\,Sp(V)$.

Darüber hinaus ist λ wegen $(\sigma z, \sigma z') = (z, z')$ der Bedingung $\lambda^2 = 1$ unterworfen, die auch hinreichend dafür ist, daß die durch $\sigma z = \lambda z$ definierte Dilatation σ symplektisch ist. Damit ist (3.1) gezeigt.

Ist nun R ein lokaler Ring mit Char $\mathfrak{K} \neq 2$, so gilt

$$EW_2(R) = (\pm 1).$$

Denn $\lambda^2 = 1$ hat mod $\mathfrak{m}$ nur die Lösungen $\lambda \equiv \pm 1\ (\mathfrak{m})$, und $\lambda = \pm 1 + \mu$ ($\mu \in \mathfrak{m}$) erfüllt dann $\mu(\mu \pm 2) = 0$. Da $\mu \pm 2$ Einheit ist, folgt $\mu = 0$. Daraus ergibt sich (3.2), indem man (3.1) auf den hyperbolischen Raum $V/\mathfrak{a}V$ anwendet.

Für beliebige Ringe gilt für die Kommutatorgruppen

$$[Sp(V), Sp^*(V, \mathfrak{a})] \subseteq Sp(V, \mathfrak{a}),$$

da die linke Seite durch $\varphi_\mathfrak{a}$ in das Zentrum von $Sp(V/\mathfrak{a}V)$, als Kommutatorgruppe daher auf 1 abgebildet wird. Nach Satz 2.1 genügt es daher zum Nachweis von (3.3)

$$[Sp(V), \Delta(V, \mathfrak{a})] \supseteq \Delta(V, \mathfrak{a})$$

unter den angegebenen Voraussetzungen zu beweisen. Wenn $\mathfrak{K}$ mehr als 3 Elemente enthält, gibt es ein $\bar{\varrho} \in \mathfrak{K}$ mit $\bar{\varrho}^2 \neq 1$. Da V hyperbolisch ist, gibt es nach § 1,2 zu jedem $e \in V$ der Höhe R und einem Vertreter $\varrho \in \bar{\varrho}$ ein $\sigma \in Sp(V)$ mit $\sigma e = \varrho e$, definiert durch

$\sigma e_i = \varrho e_i$, $\sigma e_i' = \varrho^{-1} e_i'$ für eine Ergänzung von e zu einer hyperbolischen Basis e_i, e_i' von V. Wählt man $\lambda \in R$ mit $\lambda(\varrho^2 - 1) = 1$, so hat für jede Haupttransvektion $\tau = id + \alpha(*, e)e \in \Delta(V, \mathfrak{a})$ die Kommutatorgleichung $\tau = [\sigma, \tau'] = \sigma \tau' \sigma^{-1} \tau'^{-1}$ die Lösung $\tau' = id + \lambda \alpha(*, e)e$ aus $\Delta(V, \mathfrak{a})$. Denn nach (2.1) ist

$$\tau'^{\sigma} \tau'^{-1}(z) = \tau'^{\sigma}\big(z - \lambda \alpha(z, e)e\big) = z + \lambda(\varrho^2 - 1)\alpha(z, e)e = \tau(z).$$

Damit ist der Satz bewiesen.

2. Die Invarianzgruppe eines maximalen totalisotropen Teilraumes

Von Bedeutung für diese Arbeit erweist sich der Begriff der relativen Einfachheit spezieller algebraischer Strukturen. Eine R-Algebra A über dem Ring R bzw. eine R-Lie-Algebra heiße R-*relativ-einfach* oder kurz R-*einfach*, wenn A an zweiseitigen Idealen bzw. an Lie-Idealen nur solche der Form $\mathfrak{a}A$ mit einem Ideal $\mathfrak{a}$ von R enthält. Dieser Begriff ordnet sich offenbar dem folgenden für Moduln mit Operatoren unter, der hier von beweistechnischem Interesse ist: Zu einem unitären R-Modul A seien Abbildungen $g_\iota\colon \Omega_\iota \to End_R(A)$ von Mengen Ω_ι in den R-Endomorphismenring von A gegeben, vermöge derer die Ω_ι auf A durch $\omega_\iota \circ a = g_\iota(\omega_\iota)a$ $(a \in A, \omega_\iota \in \Omega_\iota)$ wirken. Der R-Modul A heißt R-*relativ-einfach*, kurz R-*einfach*, bezüglich der (Ω_ι, g_ι), wenn die einzigen bezüglich der Ω_ι zulässigen R-Untermoduln von A die Form $\mathfrak{a}A$ mit einem Ideal $\mathfrak{a}$ von R haben.

Ein hyperbolischer symplektischer R-Raum V vom R-Rang $2n$ hat eine Zerlegung $V = W \oplus W'$ mit maximalen totalisotropen Teilräumen $W = \bigoplus_{i=1}^{n} Re_i$ und $W' = \bigoplus_{i=1}^{n} Re_i'$ der Ränge n, wobei e_i, e_i' eine hyperbolische Basis von V bezeichnet. In der Anordnung $e_1, \ldots, e_n, e_1', \ldots, e_n'$ ergibt die zugehörige Basiszeile e vermöge $\sigma e = eA(\sigma)$ eine Matrixdarstellung von $End_R(V)$

$$End_R(V) \ni \sigma \to A(\sigma) = A = \begin{pmatrix} a & b \\ c & d \end{pmatrix} \tag{3.4}$$

mit n-reihigen Matrizen a, b, c, d über R. Auf $Sp(V)$ eingeschränkt ergibt dies die klassische Matrixdarstellung der symplektischen Gruppe: Ein σ bzw. $A(\sigma)$ ist symplektisch genau dann, wenn

$$a'c = c'a, \quad b'd = d'b, \quad a'd - c'b = 1_n \tag{3.5}$$

oder äquivalent

$$ab' = ba', \quad cd' = dc', \quad ad' - bc' = 1_n \tag{3.5'}$$

gilt. Dabei bezeichnet 1_n die n-reihige Einheitsmatrix und a' die zu a transponierte Matrix. Im folgenden identifizieren wir $Sp\,(V)$ auch mit ihrer Matrixdarstellung (3.4).

Die Invarianzgruppe $T\,(V,\,W) = \{\sigma \in Sp\,(V)\,|\,\sigma W = W\}$ von W enthält als Untergruppe die Gruppe $U\,(W,\,W')$ bestehend aus allen σ, die sowohl W als auch W' in sich überführen, sowie als Normalteiler die Fixgruppe $Fix\,(W)$ von W. Bekanntlich ist $T\,(V,\,W)$ semidirektes Produkt der Gruppen $U\,(W,\,W')$ und $Fix\,(W)$; genauer gilt:

Vermöge (3.4) wird $T\,(V,\,W)$ auf die Gruppe aller σ mit $c = 0$ und $a \in GL_n\,(R)$ abgebildet, und jedes solche σ hat eine eindeutige Darstellung

$$\sigma = \begin{pmatrix} a & b \\ 0 & d \end{pmatrix} = \begin{pmatrix} a & 0 \\ 0 & a'^{-1} \end{pmatrix} \begin{pmatrix} 1_n & s \\ 0 & 1_n \end{pmatrix} \quad (s = a^{-1}b \text{ symmetrisch}). \quad (3.6)$$

Bezeichnet $S_n\,(R)$ den R-Modul aller symmetrischen n-reihigen Matrizen über R, $S_n^+\,(R)$ seine Additionsgruppe, so ergeben die Abbildungen

$$\begin{pmatrix} a & 0 \\ 0 & a'^{-1} \end{pmatrix} \rightarrow a \in GL_n\,(R), \quad \begin{pmatrix} 1_n & s \\ 0 & 1_n \end{pmatrix} \rightarrow s \in S_n\,(R)$$

Isomorphismen

$$U\,(W,\,W') \simeq GL_n\,(R), \quad Fix\,W \simeq S_n^+\,(R). \quad (3.7)$$

Vermöge dieser Isomorphismen wird $T\,(V,\,W)$ zum semidirekten Produkt $GL_n\,(R) \circ S_n^+\,(R)$ isomorph mit der Wirkung

$$s[u] = u'su \,(s \in S_n\,(R), \; u \in GL_n\,(R)) \quad (3.8)$$

von $GL_n\,(R)$ auf den abelschen Normalteiler $S_n^+\,(R)$.

Der folgende Satz wird zum Beweis des Normalteilersatzes für $Sp\,(V)$ benötigt.

Satz 3.2: *Sei R ein (nicht notwendig kommutativer) Ring, in dem 2 eine Einheit ist. Dann ist der R-Modul $S_n\,(R)$ R-einfach bezüglich des durch (3.8) wirkenden Operatorenbereiches $SL_n\,(R)$. Ferner ist für $n \geq 2$ jede $SL_n(R)$-zulässige Untergruppe von $S_n^+\,(R)$ ein R-Modul.*

Sei R ein kommutativer lokaler Ring mit Char $\mathfrak{R} \neq 2$ *und* $|\mathfrak{R}| > 3$. *Für jeden Normalteiler N von $Sp\,(V)$ mit dem Durchschnitt $N_0 = N \cap T\,(V,\,W)$ gilt*

$$Sp\,(V,\,o\,(N_0)) \subseteq N. \quad (3.9)$$

Beweis: Die erste Behauptung ist trivial für $n = 1$, die zweite (3.9) gilt nach KLINGENBERG [14] wegen $Sp_1\,(R) = SL_2\,(R)$. Sei daher $n \geq 2$

angenommen. Ein $SL_n(R)$-zulässiger Untermodul Y von $S_n(R)$ ist auch gegenüber der Operation

$$s * u = s[u] - s \quad (s \in Y, \, u \in SL_n(R)) \tag{3.10}$$

abgeschlossen. Auf ein beliebiges Element $s = \sum_{\nu,\mu} s_{\nu\mu}\, \varepsilon_{\nu\mu}$ aus Y $(\varepsilon_{\nu\mu}$ Basis aus Matrizeneinheiten von $M_n(R))$ wirken die Elemente $\delta_{ik} = 1 + \varepsilon_{ik}\,(i \neq k)$ aus $SL_n(R)$ durch

$$(s * \delta_{ik}) * \delta_{lm} = s_{li}(\varepsilon_{mk} + \varepsilon_{km}) \quad \text{für} \quad k \neq l, i \quad \text{und} \quad l \neq m. \tag{3.11}$$

Für $n \geq 3$ können zu beliebigem Indexpaar l', i' Indizes m, k so gewählt werden, daß $m \neq k$ und $k \neq i'$ sowie $m \neq l'$, i' gilt; nochmalige Anwendung des Prozesses (3.11) ergibt dann, daß mit s auch alle Elemente $s_{li}(\varepsilon_{l'i'} + \varepsilon_{i'l'})$ mit beliebigen Indizes zu Y gehören. Da 2 eine Einheit in R ist, liegt mit s daher auch $o_{M_n(R)}(s) \cdot S_n(R)$ in Y.

Für $n = 2$ kann (3.11) nur für $l = i$ angewendet werden und ergibt $2 s_{ii} \varepsilon_{kk} \in Y$ für $i \neq k$, also $s_{ii} \varepsilon_{kk} \in Y$. Mit dem Element $\mu_{ik} = \varepsilon_{ik} - \varepsilon_{ki} \in SL_2(R)\ (i \neq k)$ ist dann $\varepsilon_{kk}[\mu_{ik}] = \varepsilon_{ii}$, also $s_{ii} \varepsilon_{ii} \in Y$. Daraus folgt $s_{12}\,\mu \in Y$ mit $\mu = \varepsilon_{12} + \varepsilon_{21}$; unter Beachtung von $\mu * \delta_{ik} = 2 \varepsilon_{kk}\,(i \neq k)$ schließt man auf $s_{12}\, \varepsilon_{kk} \in Y$. Wegen $\varepsilon_{ii} * \delta_{ik} = \mu + \varepsilon_{kk}$ und $s_{jj} \varepsilon_{kk} \in Y$ ist dann auch $s_{jj}\mu \in Y$, also $o_{M_2(R)}(s) \cdot S_2(R) \leq Y$. Daher ist in jedem Fall $Y = o_{M_n(R)}(Y)\, S_n(R)$ gezeigt. Zum Nachweis der R-Moduleigenschaft einer $SL_n(R)$-zulässigen Untergruppe $Y \leq S_n^+(R)$ für $n \geq 2$ genügt es nach dem Gesagten zu zeigen, daß mit $s = \alpha(\varepsilon_{12} + \varepsilon_{21}) \in Y\ (\alpha \in R)$ auch $\gamma \alpha \varepsilon_{11} \in Y$ für alle $\gamma \in R$ gilt. Dies ist wegen $s * \delta_{12}^* = 2\gamma\alpha\varepsilon_{11}$ mit $\delta_{12}^* = 1 + \gamma\varepsilon_{12}$ der Fall. Damit ist der erste Teil des Satzes bewiesen.

Zum Nachweis des zweiten Teiles werden die $\sigma = \begin{pmatrix} a & b_0 \\ 0 & a'^{-1} \end{pmatrix}$ aus N_0 in der Form

$$\sigma = \omega\beta \quad \text{mit} \quad \omega = \begin{pmatrix} a & 0 \\ 0 & a'^{-1} \end{pmatrix}, \quad \beta = \begin{pmatrix} 1_n & b \\ 0 & 1_n \end{pmatrix} \quad (b = a^{-1} b_0) \tag{3.12}$$

zerlegt. Für die Höhe gilt offenbar wegen $o_{M_n(R)}(b) = o_{M_n(R)}(b_0)$

$$o_{Sp(V)}(\sigma) = o_{Sp(V)}(\omega) + o_{M_n(R)}(b). \tag{3.13}$$

Nun liegt mit σ für $\varrho = \begin{pmatrix} 1_n & 1_n \\ 0 & 1_n \end{pmatrix}$ auch der Kommutator $[\varrho, \sigma]$ in N_0, und da ϱ mit β vertauschbar ist, auch $[\varrho, \sigma] = [\varrho, \omega] = \begin{pmatrix} 1_n & 1_n - a a' \\ 0 & 1_n \end{pmatrix}$
$\in N_0$.

Ist ein zu $Fix\,W$ gehöriges Element $\beta = \begin{pmatrix} 1_n & b \\ 0 & 1_n \end{pmatrix}$ in N, so gilt auch

$$Sp\big(V,\, o_{M_n(R)}(b)\big) \subseteq N. \qquad (3.14)$$

Denn nach dem ersten Teil des Satzes ist mit β auch $Sp\big(V,\, o_{M_n(R)}(b)\big) \cap Fix\,W \subseteq N_0$; also enthält N für jedes $\mu \in o_{M_n(R)}(b)$ eine Haupttransvektion der Höhe μR, nach den Sätzen 2.1 und 2.2 gilt daher (3.14).

Die Projektion $N_0 \ni \sigma \to a \in GL_n(R)$ ist ein Homomorphismus von N_0 auf einen Normalteiler $\overline{N}_0$ von $GL_n(R)$. Nach einem Satz von Klingenberg ([14], Theorem 1 und Satz 3) gilt

$$SL_n(R,\, \mathfrak{a}) \subseteq \overline{N}_0 \subseteq GL_n^*(R,\, \mathfrak{a}) \quad \text{mit} \quad \mathfrak{a} = o_{GL_n(R)}(\overline{N}_0).$$

Im Fall $n \geq 2$ gibt es daher für alle $\alpha \in \mathfrak{a}$ eine unipotente Dreiecksmatrix $a_1 = 1_n - \alpha\,\varepsilon_{12}$ in $\overline{N}_0$ der $GL_n(R)$-Höhe αR. Für ein Urbild σ_1 in N_0 von a_1, gemäß (3.12) zerlegt in der Form $\sigma_1 = \omega_1 \beta_1$, liegt dann $[\varrho,\, \sigma_1] = \begin{pmatrix} 1_n & 1_n - a_1 a_1' \\ 0 & 1_n \end{pmatrix}$ in $N_0 \cap Fix\,W$ und hat die Höhe αR wegen $1_n - a_1 a_1' = \alpha(\varepsilon_{12} + \varepsilon_{21}) - \alpha^2 \varepsilon_{11}$. Nach (3.14) ist daher $Sp(V,\, \alpha R) \subseteq N$, somit nach (2.8)

$$Sp(V,\, \mathfrak{a}) \subseteq N \quad \text{mit} \quad \mathfrak{a} = o_{GL_n(R)}(\overline{N}_0); \qquad (3.15)$$

diese Beziehung gilt trivialerweise auch für $n = 1$, da dann stets $o_{GL_1(R)}(N_1) = (0)$ ist.

Nach Definition der Höhe in $GL_n(R)$ (§ 1,3) gilt wegen $Zentr\,GL_n(R/\mathfrak{a}) = \{\bar{\varepsilon}\,1_n \,|\, \bar{\varepsilon}\ \text{Einheit}\}$ für ω aus (3.12) $a \equiv \varepsilon\,1_n\,(\mathfrak{a}\,M_n(R))$ mit einer Einheit ε; daher ist $\omega = \varepsilon^* \omega_1$ mit $\varepsilon^* = \begin{pmatrix} \varepsilon\,1_n & 0 \\ 0 & \varepsilon^{-1}\,1_n \end{pmatrix}$ und $\omega_1 \in Sp(V,\, \mathfrak{a})$. Wegen (3.15) ist mit σ daher auch $\varepsilon^* \beta \in N_0$, und folglich auch $[\varrho,\, \varepsilon^* \beta] = \begin{pmatrix} 1_n & (1 - \varepsilon^2)\,1_n \\ 0 & 1_n \end{pmatrix} \in N_0$. Ist $\varepsilon \not\equiv \pm 1\,(\mathfrak{m})$, also $1 - \varepsilon^2 \notin \mathfrak{m}$, so ist $o([\varrho,\, \varepsilon^* \beta]) = R$ und daher $N = Sp(V)$ nach (3.14). Ist $\varepsilon \equiv \pm 1\,(\mathfrak{m})$, also $\varepsilon = \pm 1 - \mu$ mit $\mu \in \mathfrak{m}$, so hat $[\varrho,\, \varepsilon^* \beta]$ wegen $1 - \varepsilon^2 = \mu(\pm 2 - \mu)$ die Höhe μR, was nach (3.14) $Sp(V,\, \mu R) \subseteq N$ impliziert; wegen $o_{Sp(V)}(\varepsilon^*) = \mu R$ ist auch $\varepsilon^* \in N_0$. Daher ist in beiden Fällen $\beta \in N_0$, es gilt also (3.14) mit dem b aus (3.12). Ferner wurde $Sp(V,\, o(\varepsilon^*)) \subseteq N$ und $Sp(V,\, o(\omega_1)) \subseteq N$ gezeigt, wegen $o_{Sp(V)}(\omega) \subseteq o(\varepsilon^*) + o(\omega_1)$ somit $Sp(V,\, o_{Sp(V)}(\omega)) \subseteq N$. Zusammen mit (3.14) folgt nach der Höhenformel (3.13) $Sp(V,\, o_{Sp(V)}(\sigma)) \subseteq N$, also (3.9) nach (2.8) q.e.d.

3. Der lokale Normalteilersatz

Ziel dieses Paragraphen ist der folgende

Lokale Normalteilersatz: *Sei V ein nichtsingulärer symplektischer Raum über dem lokalen Ring R mit* Char $\Re \neq 2$ *und* $|\Re| > 3$. *Jeder Normalteiler N von $Sp(V)$ ist von der Form*

$$N = Sp(V, \mathfrak{a}) \quad oder \quad N = (\pm id) \times Sp(V, \mathfrak{a})$$

mit dem eindeutig bestimmten Ideal $\mathfrak{a} = o(N)$ von R.

Unter der Voraussetzung Char $\Re \neq 2$ ist nach (3.1) und (3.1') das Zentrum *Zentr* $Sp(V) = (\pm id)$; für die projektive symplektische Gruppe kann dieses Ergebnis daher in der äquivalenten Form ausgesprochen werden:

Der Normalteilerverband von $PSp(V)$ ist unter den gleichen Voraussetzungen identisch mit dem Verband aller projektiven Hauptkongruenzgruppen $PSp(V, \mathfrak{a})$, also kanonisch isomorph zum Idealverband von R.

Dieser Sachverhalt werde kurz als die *arithmetische Einfachheit von $PSp(V)$ über R* bezeichnet.

Beweis: Der Nachweis erfordert eine Fallunterscheidung nach der Höhe des Normalteilers N von $Sp(V)$.

a) $o(N) = R$: Nach dem Gedanken von Dieudonné[7] im Körperfall wird ein $\sigma \in N$ konstruiert, das eine nichtsinguläre Ebene invariant läßt. Da R lokal ist, gibt es ein $\sigma \in N$ mit $o(\sigma) = R$. Daher liegt $\varphi_\mathfrak{m}(\sigma)$ nicht im Zentrum von $Sp(V/\mathfrak{m}V)$, läßt also eine gewisse Gerade $\Re\bar{e}$ von $V/\mathfrak{m}V$ nicht invariant. Daher ist $\Re\bar{e} \oplus \Re\varphi_\mathfrak{m}(\sigma)\bar{e}$ eine Ebene von $V/\mathfrak{m}V$, für jeden Vertreter $e \in \bar{e}$ somit nach § 1,2 $Re \oplus R\sigma e = E$ eine Ebene von V.

Ohne Einschränkung kann man σ in N so wählen, daß die Ebene E mod $\mathfrak{m}V$ nichtsingulär ist. Angenommen nämlich, es sei E zunächst mod $\mathfrak{m}$ singulär, also totalisotrop, d.h. es gelte $e\sigma e \equiv 0 (\mathfrak{m})$. Da V nichtsingulär mod $\mathfrak{m}$ ist, ist notwendig $n \geq 2$, und nach Satz 1.1 gibt es daher ein $e' \in V$ der Höhe R mit $ee' = 1$, $e'\sigma e \equiv 0 (\mathfrak{m})$. Die mit dem Element $c = e' - e$ gebildete symplektische Haupttransvektion $\tau = id + (*, c)c$ führt wegen $ec = ee' = 1$ das Element e in e' über, und wegen $c\sigma e \equiv 0(\mathfrak{m})$ gilt $\tau^{-1}\sigma e \equiv \sigma e$ mod $\mathfrak{m}V$. Für den Kommutator $\sigma_1 = [\tau, \sigma^{-1}] = \tau\sigma^{-1}\tau^{-1}\sigma \in N$ gilt daher $e\sigma_1 e \equiv ee' = 1$ mod $\mathfrak{m}$ wegen $\sigma_1 e \equiv \tau\sigma^{-1}\sigma e = e'$ mod $\mathfrak{m}V$. Also ist $Re \oplus R\sigma_1 e$ mod $\mathfrak{m}V$ nichtsingulär.

Sei also $\sigma \in N$ mit mod $\mathfrak{m} V$ nichtsingulärer Ebene $E = Re \oplus R\sigma e$. Für die durch $\lambda(e, \sigma e) = 1$ bestimmte Haupttransvektion $\tau = id + \lambda(*, e)e$ liegt wieder der Kommutator $\sigma_1 = [\tau^{-1}, \sigma]$ in N. Schließlich gilt $\sigma_1 e = 2e + \sigma e$, $\sigma_1 \sigma e = e + \sigma e$, also läßt σ_1 die Ebene E invariant und induziert auf dieser eine symplektische Transformation $\hat{\sigma}_1$, die die Höhe R hat. Nach § 1.1 ist $V = E \oplus E^\perp$ und $\sigma_1 E^\perp = E^\perp$, und folglich gilt $\sigma_1 = \hat{\sigma}_1 \perp \sigma_1'$ mit $\hat{\sigma}_1' \in Sp(E^\perp)$. Nach Satz 3.1, (3.3) für $\mathfrak{a} = R$ gibt es ein $\tilde{\omega} \in Sp(E)$, so daß der Kommutator $\hat{\sigma}_2 = [\hat{\sigma}_1, \tilde{\omega}]$ die Höhe R hat. Dann liegt für $\omega = \hat{\omega} \perp id_{E^\perp}$ aus $Sp(V)$ auch der Kommutator $\sigma_2 = [\sigma_1, \omega] = \hat{\sigma}_2 \perp id_{E^\perp}$ in N.

Da $Sp(E)$ mit der speziellen linearen Gruppe $SL(E)$ übereinstimmt, kann unter den Voraussetzungen Char $\mathfrak{K} \neq 2$ und $|\mathfrak{K}| > 3$ das Ergebnis von KLINGENBERG [14] (Theorem 1 und Satz 3) angewandt werden: $SL(E)$ ist der kleinste $\hat{\sigma}_2$ enthaltende Normalteiler von $SL(E)$. Somit ist $Sp(E) \perp (id_{E^\perp}) \leq N$, für eine Haupttransvektion $\hat{\tau}$ von $Sp(E)$ der Höhe R liegt also auch die Transvektion $\tau = \hat{\tau} \perp id_{E^\perp}$ der Höhe R in N. Nach den Sätzen 2.1 und 2.2 ist daher $N = Sp(V)$, wie behauptet.

b) $o(N) = \mathfrak{a} \leq \mathfrak{m}$.

Hilfssatz: *Sei R ein beliebiger, nicht notwendig kommutativer Ring. Die volle Matrixalgebra $M_n(R)$ über R ist R-einfach. Folglich ist $M_n(R)$ ein lokaler Ring genau dann, wenn R lokal ist.*

Beweis: (DEURING [6].) Ist $\mathfrak{A}$ ein zweiseitiges Ideal von $M_n(R)$, $a = \sum a_{ij}\varepsilon_{ij} \in \mathfrak{A}$, so wird $\varepsilon_{kl} a \varepsilon_{\nu\mu} = a_{l\nu}\varepsilon_{k\mu} \in \mathfrak{A}$; ist $\mathfrak{a}$ das von allen $a_{l\nu}$ erzeugte zweiseitige Ideal in R, so gilt somit $\mathfrak{a}M_n(R) \leq \mathfrak{A}$, und folglich hat auch ganz $\mathfrak{A}$ die Form $\mathfrak{b}M_n(R)$ mit dem zweiseitigen Ideal $\mathfrak{b}$, das von allen Koeffizienten bezüglich ε_{ij} von allen Elementen aus $\mathfrak{A}$ erzeugt wird.

Zum Beweis des Normalteilersatzes im Fall b) wird die klassische Matrixdarstellung (3.4) verwendet. Für jedes $\sigma = \begin{pmatrix} a & b \\ c & d \end{pmatrix} \in N \leq Sp^*(V, \mathfrak{a})$ gilt $c \equiv d \equiv 0 \ (\mathfrak{a}M_n(R))$ und $ad' \equiv 1_n \ (\mathfrak{a}M_n(R))$; da nach dem Hilfssatz $M_n(R)$ lokal ist, sind somit $a, d \in GL_n(R)$. Das ergibt die Zerlegung

$$\sigma = \omega\sigma_1 \quad \text{mit} \quad \omega = \begin{pmatrix} a & 0 \\ 0 & a'^{-1} \end{pmatrix}, \quad \sigma_1 = \begin{pmatrix} 1_n & b_1 \\ c_1 & d_1 \end{pmatrix} \qquad (3.16)$$

und symmetrischen $b_1 = a^{-1}b$ und $c_1 = a'c$. Für die Höhe gilt ferner

$$o_{Sp(V)}(\sigma) = o_{Sp(V)}(\omega) + o_{M_n(R)}(b) + o_{M_n(R)}(c). \qquad (3.17)$$

Ziel ist es nun, durch zweimalige Kommutatorbildung, die σ in ein $\sigma^* \in N$ überführt, den Matrixparameter c_1 zu isolieren. Aus der bekannten Kommutatorrelation

$$[z,\, xy] = [z,\, x]\,[z,\, y]^x \qquad (z^x = x\,z\,x^{-1}) \qquad (3.18)$$

folgt wegen $[z^{x^{-1}},\, x] = [x^{-1},\, z]$

$$[z,\, xy]^{x^{-1}} = [x^{-1},\, z]\,[z,\, y]\,. \qquad (3.18')$$

Mit $\varrho = \begin{pmatrix} 1_n & 1_n \\ 0 & 1_n \end{pmatrix}$ liegt auch $[\omega^{-1},\, \varrho]$ in der abelschen Gruppe $Fix\,(W)$, ϱ ist daher mit $[\omega^{-1},\, \varrho]$ vertauschbar. Nach $(3.18')$ ergibt sich, daß mit σ auch $[\varrho,\, \sigma]^{\omega^{-1}} = [\omega^{-1},\, \varrho]\,[\varrho,\, \sigma_1]$ in N liegt; durch nochmalige Anwendung von $(3.18')$ folgt somit

$$\sigma^* = [\varrho^{-1},\, [\varrho,\, \sigma]^{\omega^{-1}}]^{[\varrho^{-1},\, \omega]} = [\varrho^{-1},\, [\varrho,\, \sigma_1]] \in N\,.$$

Die Rechnung ergibt, daß mit σ auch

$$\sigma^* = \begin{pmatrix} 1 - c_1^2 - c_1^3 & 2c_1 + 2c_1^2 + c_1^3 \\ -c_1^4 & 1 + c_1^2(1 + c_1 + c_1^2) \end{pmatrix} \qquad (3.19)$$

in N liegt. Für die Höhe gilt daher

$$o_{Sp\,(V)}(\sigma^*) = o_{M_n(R)}(c_1) \quad \text{falls} \quad \text{Char}\, \mathfrak{K} \neq 2\,. \qquad (3.18')$$

Der Polynomring $\varLambda = R\,[c_1]$ in der symmetrischen Matrix c_1, in dem die Koeffizienten von σ^* liegen, hat in dem lokalen Ring $M_n(R)$ einen maximalen Quotientenring $\varLambda^*$, der aus $\varLambda$ durch Adjunktion der Inversen aller in $M_n(R)$ invertierbaren Elemente von $\varLambda$ entsteht. Der Ring $\varLambda^*$ ist ein kommutativer lokaler Ring aus symmetrischen Matrizen aus $S_n(R)$, sein maximales Ideal ist $\mathfrak{n} = \mathfrak{m}\varLambda^* + c_1\varLambda^*$.

Eine Matrix $\begin{pmatrix} a & b \\ c & d \end{pmatrix}$ mit Elementen a, b, c, d aus einer kommutativen R-Unteralgebra von $S_n(R)$ ist nach (3.5) symplektisch über R genau dann, wenn $ad - bc = 1_n$ gilt. Daher kann die spezielle lineare Gruppe zweiten Grades über $\varLambda^*$ mit einer Untergruppe der symplektischen Gruppe $2n$-ten Grades über R identifiziert werden:

$$SL_2(\varLambda^*) \leqq Sp\,(V) = Sp_{2n}(R)\,.$$

Innerhalb $SL_2(\varLambda^*)$ hat σ^* die Höhe $c_1\varLambda^* \leqq \mathfrak{n}$. Da der Restklassenkörper $\varLambda^*/\mathfrak{n}$ ein Erweiterungskörper von $\mathfrak{K}$ ist, kann wieder das Resultat von KLINGENBERG angewendet werden: Die Gruppe

$SL_2(\Lambda^*, c_1\Lambda^*)$ wird von den Konjugierten von σ^* erzeugt, liegt also in N. Folglich gehört das Element $\sigma_0 = \begin{pmatrix} 1_n & c_1 \\ 0 & 1_n \end{pmatrix}$ zu $N \cap Fix\,W = N_0$. Auf Grund von Satz 3.2 ist mit σ_0 auch die ganze Gruppe

$$Sp\,(V, \mathfrak{c}) \leq N \quad \text{mit} \quad \mathfrak{c} = o_{M_n(R)}(c)\,. \tag{3.20}$$

Da der linke Faktor von

$$\sigma = \begin{pmatrix} 1_n & 0 \\ c\,a^{-1} & 1_n \end{pmatrix} \begin{pmatrix} a & b \\ 0 & a'^{-1} \end{pmatrix}$$

zu $Sp\,(V, \mathfrak{c})$ gehört, liegt auch der rechte im Normalteiler N, also in $N \cap T(W, W')$. Nach Satz 3.2 ist daher

$$Sp\left(V,\, o_{Sp\,(V)}(\omega) + o\,(b)\right) \leq N\,. \tag{3.20'}$$

Dies ergibt zusammen mit (3.20) auf Grund der Höhengleichung (3.17) $Sp\left(V, o\,(\sigma)\right) \leq N$. Da $o\,(N) = \mathfrak{a}$ von allen $o\,(\sigma)$ erzeugt wird, wo σ ganz N durchläuft, ergibt sich nach (2.8)

$$Sp\,(V, \mathfrak{a}) \leq N \leq Sp^*\,(V, \mathfrak{a})\,.$$

Wegen Char $\mathfrak{K} \neq 2$ ist unter Berücksichtigung von (3.2) damit der Satz bewiesen.

Im lokalen Fall stimmen also für Normalteiler Höhe und Stufe überein, sofern Char $\mathfrak{K} \neq 2$ und $|\mathfrak{K}| > 3$ ist.

§ 4. Struktur der symplektischen Gruppe und ihrer vollständigen Hülle.

1. Die relative Einfachheit der symplektischen Lie-Algebra

Der volle Endomorphismenring $End_R\,(V)$ eines m-rangigen freien R-Moduls V über einem Ring R wird vermöge der additiven Kommutatoroperation $[\varrho_1, \varrho_2]_+ = \varrho_1\varrho_2 - \varrho_2\varrho_1$ als Lie-Produkt zu einer R-Lie-Algebra $\mathfrak{gl}(V) = \mathfrak{gl}_m(R)$. Ist V ein hyperbolischer symplektischer Raum vom Rang $m = 2n$, so bilden die Endomorphismen ϱ mit $(\varrho x, y) = -(x, \varrho y) = (\varrho y, x)$ für alle $x, y \in V$ eine Lie-Unteralgebra von $\mathfrak{gl}_{2n}(R)$, die *symplektische Lie-Algebra* $\mathfrak{sp}(V) = \mathfrak{sp}_{2n}(R)$, die in enger Beziehung zur symplektischen Gruppe steht. Bei Fixierung einer Matrixdarstellung von $End_R(V)$ werde der R-Modul $S_m(R)$ aller symmetrischen Matrizen, versehen mit der trivalen Lie-Multiplikation $\langle a, b\rangle = 0$ identisch in $a, b \in S_n(R)$, mit $\mathfrak{s}(V) = \mathfrak{s}_m(R)$ bezeichnet.

Wendet man eine Matrixdarstellung (3.4) auf $\mathfrak{sp}(V)$ an, die zu einer Zerlegung $V = W \oplus W'$ in maximalisotrope Teilräume gehört, so besteht $\mathfrak{sp}(V)$ aus allen Matrizen $\varrho = \begin{pmatrix} a & b \\ c & d \end{pmatrix} \in M_{2n}(R)$ mit $\varrho' I = -I \varrho$ für $I = \begin{pmatrix} 0 & 1_n \\ -1_n & 0 \end{pmatrix}$; dies ist mit $d = -a'$, $b = b'$ und $c = c'$ gleichbedeutend. Die Zuordnung

$$\varrho = \begin{pmatrix} a & b \\ c & -a' \end{pmatrix} \to (a, b, c) \tag{4.1}$$

ist daher ein R-Modulisomorphismus

$$\lambda: \mathfrak{sp}(V) \simeq \mathfrak{gl}_n(R) \oplus \mathfrak{s}_n(R) \oplus \mathfrak{s}_n(R). \tag{4.1'}$$

Durch Übertragung der Lie-Multiplikation von $\mathfrak{sp}(V)$ vermöge λ wird die rechte Seite zu einer R-Lie-Algebra $\lambda\mathfrak{sp}(V)$, deren Lie-Produkt mit $\langle x, y \rangle$ bezeichnet wird. Wir identifizieren $\mathfrak{gl}_n(R)$ und $\mathfrak{s}_n(R)$ vermöge der natürlichen Injektionen

$$\mathfrak{gl}_n(R) \ni a \to (a, 0, 0), \quad \mathfrak{s}_n(R) \ni b \to (0, b, 0), \quad \mathfrak{s}_n(R) \ni c \to (0, 0, c)$$

mit Untermoduln $\mathfrak{n}$, $\mathfrak{r}$, $\mathfrak{l}$ von $\lambda\mathfrak{sp}(V)$. Dann ist

$$\lambda\mathfrak{sp}(V) = \mathfrak{n} \oplus \mathfrak{r} \oplus \mathfrak{l}, \tag{4.1''}$$

und die Lie-Multiplikation ist gegeben durch

$$\langle a, b \rangle = ab + ba' \in \mathfrak{r} \ (a \in \mathfrak{n}, b \in \mathfrak{r}); \quad \langle c, a \rangle = a'c + ca \in \mathfrak{l} \ (a \in \mathfrak{n}, c \in \mathfrak{l}) \tag{4.2}$$

$$\left.\begin{array}{c} \langle b, c \rangle = bc \in \mathfrak{n} \ (b \in \mathfrak{r}, c \in \mathfrak{l}) \\ \langle a_1, a_2 \rangle = [a_1, a_2]_+ \in \mathfrak{n} \ (a_i \in \mathfrak{n}) \\ \langle b_1, b_2 \rangle = 0, \ \langle c_1, c_2 \rangle = 0 \ (b_i \in \mathfrak{r}, c_i \in \mathfrak{l}). \end{array}\right\} \tag{4.3}$$

Folglich gilt

$$\langle \mathfrak{n}, \mathfrak{r} \rangle \subseteq \mathfrak{r}, \quad \langle \mathfrak{n}, \mathfrak{l} \rangle \subseteq \mathfrak{l}, \tag{4.2'}$$

$$\langle \mathfrak{r}, \mathfrak{l} \rangle = \mathfrak{n}, \quad \langle \mathfrak{n}, \mathfrak{n} \rangle \subseteq \mathfrak{n}, \quad \langle \mathfrak{r}, \mathfrak{r} \rangle = \langle \mathfrak{l}, \mathfrak{l} \rangle = 0. \tag{4.3'}$$

Zum Nachweis der ersten Gleichung in (4.3') ist für Erzeugende $a \in \mathfrak{n} = M_n(R)$ die Lösbarkeit von $a = bc$ in symmetrischen b, c zu zeigen. Für symmetrische a ist $b = a$, $c = 1_n$, und für die Matrizeneinheiten $\varepsilon_{ik} (i \neq k)$ ist $\varepsilon_{ik} = (\varepsilon_{ik} + \varepsilon_{ki}) \varepsilon_{kk}$ eine Lösung.

In Analogie zum Normalteilersatz für $Sp(V)$ gilt der folgende

Satz 4.1: *Sei V ein hyperbolischer symplektischer Raum vom Rang $2n$ über dem Ring R. Die symplektische Lie-Algebra $\mathfrak{sp}(V)$ ist als R-Modul frei vom Rang $n(2n+1)$.*

Genau dann ist $\mathfrak{sp}(V)$ *als Lie-Algebra R-relativ-einfach, wenn* 2 *Einheit in R ist.*

Ist R lokaler Ring mit Char $\mathfrak{K} \neq 2$, *so ist insbesondere* $\mathfrak{sp}(V)$ *eine lokale Lie-Algebra mit dem maximalen Lie-Ideal* $\mathfrak{msp}(V)$.

Beweis: Die erste Behauptung folgt unmittelbar aus (4.1').

Die Inklusionen (4.2') können genau dann zur Gleichheit

$$\langle \mathfrak{n}, \mathfrak{r} \rangle = \mathfrak{r}, \quad \langle \mathfrak{n}, \mathfrak{l} \rangle = \mathfrak{l} \tag{4.2''}$$

verschärft werden, wenn 2 Einheit ist. Entsteht nämlich die Matrix d_1 aus der symmetrischen d, indem die Elemente unter der Hauptdiagonalen durch 0 ersetzt und die Hauptdiagonale mit $\frac{1}{2}$ multipliziert wird, so ist $a = d_1$, $b = 1_n$ eine Lösung von $d = ab + ba'$ in $a \in \mathfrak{n}$, $b \in \mathfrak{r}$ zu gegebenem $d \in \mathfrak{r}$; analog für $\mathfrak{l}$ statt $\mathfrak{r}$. Andererseits haben alle Elemente aus $\langle \mathfrak{n}, \mathfrak{r} \rangle$ eine durch 2 teilbare Hauptdiagonale, also ist $2 \in E$ für das Bestehen von (4.2'') auch notwendig.

Daraus folgt auch unmittelbar die Notwendigkeit von $2 \in E$ für die R-Einfachheit von $\mathfrak{sp}(V)$. Denn die derivierte Lie-Algebra $\langle \lambda \mathfrak{sp}(V), \lambda \mathfrak{sp}(V) \rangle \simeq [\mathfrak{sp}(V), \mathfrak{sp}(V)]_+$ ist ein Lie-Ideal, das nach der 1. Gleichung (4.3') die Höhe R hat, während seine in $\mathfrak{r}$ liegenden Elemente sämtlich durch 2 teilbare Hauptdiagonale haben.

Sei nun $2 \in E$ und $\mathfrak{h}$ ein Lie-Ideal in $\mathfrak{sp}(V)$ der Höhe $o(\mathfrak{h}) = \mathfrak{a}$; zu zeigen ist $\mathfrak{h} = \mathfrak{a} \mathfrak{sp}(V)$. Wir behaupten zunächst für $\mathfrak{h}_1 = \lambda \mathfrak{h}$ die direkte R-Modulzerlegung

$$\mathfrak{h}_1 = \mathfrak{n}_1 \oplus \mathfrak{r}_1 \oplus \mathfrak{l}_1 \quad \text{mit} \quad \mathfrak{n}_1 = \mathfrak{h}_1 \cap \mathfrak{n}, \; \mathfrak{r}_1 = \mathfrak{h}_1 \cap \mathfrak{r}, \; \mathfrak{l}_1 = \mathfrak{h}_1 \cap \mathfrak{l}, \tag{4.4}$$

die für die Höhen

$$o(\mathfrak{h}_1) = o(\mathfrak{n}_1) + o(\mathfrak{r}_1) + o(\mathfrak{l}_1) \tag{4.4'}$$

nach sich zieht. Wie die Rechnung zeigt, können die zur Zerlegung (4.1'') gehörigen Projektionen $pr_\mathfrak{r}$, $pr_\mathfrak{l}$ auf $\mathfrak{r}$ bzw. $\mathfrak{l}$ durch folgende Lie-Multiplikationen dargestellt werden $(z \in \lambda \mathfrak{sp}(V))$:

$$pr_\mathfrak{r}(z) = \tfrac{1}{4} \langle 1_n', \langle 1_n', \langle \langle z, 1_n'' \rangle, 1_n'' \rangle \rangle \rangle, \quad pr_\mathfrak{l}(z) = \tfrac{1}{4} \langle \langle \langle 1_n', \langle 1_n', z \rangle \rangle, 1_n'' \rangle, 1_n'' \rangle,$$

wobei $1_n' = (0, 1_n, 0) \in \mathfrak{r}$ und $1_n'' = (0, 0, 1_n) \in \mathfrak{l}$ gesetzt wurde. Folglich ist $pr_\mathfrak{r} \mathfrak{h}_1 \subseteq \mathfrak{h}_1$, $pr_\mathfrak{l} \mathfrak{h}_1 \subseteq \mathfrak{h}_1$ und somit auch $pr_\mathfrak{n} \mathfrak{h}_1 \subseteq \mathfrak{h}_1$; das ergibt (4.4).

Es soll nun

$$\mathfrak{r}_1 = \mathfrak{a}_1 \mathfrak{r}, \quad \mathfrak{l}_1 = \mathfrak{a}_2 \mathfrak{l} \quad \text{mit} \quad o(\mathfrak{r}_1) = \mathfrak{a}_1, \quad o(\mathfrak{l}_1) = \mathfrak{a}_2 \tag{4.5}$$

bewiesen werden. Wegen $\langle \mathfrak{n}, \mathfrak{r}_1 \rangle \subseteq \mathfrak{h}_1 \cap \mathfrak{r} = \mathfrak{r}_1$ und $\langle \mathfrak{n}, \mathfrak{l}_1 \rangle \subseteq \mathfrak{h}_1 \cap \mathfrak{l} = \mathfrak{l}_1$ genügt es, den folgenden Hilfssatz zu beweisen:

Hilfssatz: *Ist* 2 *eine Einheit, so ist* $\mathfrak{r} = S_n(R)$ *im Sinn von* § 3,2 *R-einfach bezüglich des nach* (4.2) *wirkenden Operatorenbereichs* $\mathfrak{n} = M_n(R)$.

Beweis: Für ein $b = (\beta_{ik}) \in \mathfrak{r}$ wird wegen $\langle \varepsilon_{lm}, \langle \varepsilon_{ik}, b \rangle \rangle = \varepsilon_{lm} b \varepsilon_{ki} +$
$+ \varepsilon_{ik} b \varepsilon_{ml}$ für $m \neq i$

$$\langle \varepsilon_{lm}, \langle \varepsilon_{ik}, b \rangle \rangle = \beta_{mk}(\varepsilon_{li} + \varepsilon_{il}) \quad (m \neq i);$$

nach Vertauschungen $m \to l$ bzw. $l \to i$ bzw. $m \to k$, $l \to i$ wird die rechte Seite bzw. durch $\langle \varepsilon_{lk}, \langle \varepsilon_{im}, b \rangle \rangle$, $\langle \varepsilon_{im}, \langle \varepsilon_{lk}, b \rangle \rangle$ oder $\langle \varepsilon_{ik}, \langle \varepsilon_{lm}, b \rangle \rangle$ dargestellt, wobei analog $k \neq i$, $m \neq l$ oder $k \neq l$ vorauszusetzen ist. Damit ist gezeigt, daß für ein b aus einem $\mathfrak{n}$-zulässigen Untermodul $\mathfrak{t}$ von $\mathfrak{r}$ auch alle $\beta_{mk}(\varepsilon_{li} + \varepsilon_{il})$ in $\mathfrak{t}$ liegen, für die mindestens 2 der Indizes verschieden sind. Insbesondere ist dann auch die Diagonalmatrix $b - \sum_{i \neq k} \beta_{ik} \varepsilon_{ik} = \sum_{k} \beta_{kk} \varepsilon_{kk} = \hat{b} \in \mathfrak{t}$, und folglich wegen der Voraussetzung $2 \in E$ auch $\frac{1}{2} \langle \varepsilon_{ii}, \hat{b} \rangle = \beta_{ii} \varepsilon_{ii}$ in $\mathfrak{t}$. Ist $\mathfrak{b}$ das von den β_{ik} erzeugte Ideal, so ist mit b auch der R-Modul $\mathfrak{b}\mathfrak{r} \subseteq \mathfrak{t}$; das ergibt die Behauptung $\mathfrak{t} = o(\mathfrak{t})\mathfrak{r}$.

Der analoge Sachverhalt gilt für $\mathfrak{l}$ bezüglich des durch die 2. Gleichung (4.2) wirkenden Operatorenbereichs $\mathfrak{n}$; damit ist auch (4.5) gezeigt.

In ähnlicher Weise schließt man auf die Gleichheit der Höhen

$$o(\mathfrak{n}_1) = o(\langle \mathfrak{n}_1, \mathfrak{r} \rangle) = o(\langle \mathfrak{n}_1, \mathfrak{l} \rangle). \tag{4.6}$$

Trivialerweise ist $o(\langle \mathfrak{n}_1, \mathfrak{r} \rangle) \subseteq o(\mathfrak{n}_1)$. Für eine beliebige Matrix $a = (\alpha_{ik}) \in \mathfrak{n}_1$ ist $\langle \varepsilon_{ii}, \langle a, \varepsilon_{kk} \rangle \rangle = \alpha_{ik}(\varepsilon_{ik} + \varepsilon_{ki})$ für $i \neq k$ ein Element aus $\langle \mathfrak{n}, \langle \mathfrak{n}_1, \mathfrak{r} \rangle \rangle$. Für $a = \hat{a} + \mathring{a}$ mit der Diagonalmatrix $\hat{a} = \sum \alpha_{ii} \varepsilon_{ii}$ liegt demnach $\langle \varepsilon_{kk}, \langle \mathring{a}, \varepsilon_{kk} \rangle \rangle = \sum_{i \neq k} \alpha_{ik}(\varepsilon_{ik} + \varepsilon_{ki})$ und folglich $\langle \varepsilon_{kk}, \langle \hat{a}, \varepsilon_{kk} \rangle \rangle = 4\alpha_{kk} \varepsilon_{kk}$ im Modul $\langle \mathfrak{n}, \langle \mathfrak{n}_1, \mathfrak{r} \rangle \rangle$. Wegen $2 \in E$ folgt somit $o(\mathfrak{n}_1) \subseteq o(\langle \mathfrak{n}, \langle \mathfrak{n}_1, \mathfrak{r} \rangle \rangle) \subseteq o(\langle \mathfrak{n}_1, \mathfrak{r} \rangle)$, und (4.6) ist für $\mathfrak{r}$ bewiesen; analog folgt (4.6) für $\mathfrak{l}$.

Nun kann der Beweis von Satz 4.1 beendet werden. Wegen $\langle \mathfrak{n}_1, \mathfrak{r} \rangle \subseteq \mathfrak{h}_1 \cap \langle \mathfrak{n}, \mathfrak{r} \rangle \subseteq \mathfrak{h}_1 \cap \mathfrak{r} = \mathfrak{r}_1$ ist nach (4.6)

$$o(\mathfrak{n}_1) \subseteq o(\mathfrak{r}_1) \quad (\text{analog } o(\mathfrak{n}_1) \subseteq o(\mathfrak{l}_1)),$$

so daß nach (4.4') $\mathfrak{a} = o(\mathfrak{h}_1) = o(\mathfrak{r}_1) + o(\mathfrak{l}_1) = \mathfrak{a}_1 + \mathfrak{a}_2$ folgt. Nach (4.5) und (4.3') ist dann $\langle \mathfrak{r}_1, \mathfrak{l} \rangle = \langle (\mathfrak{a}_1 \mathfrak{r}), \mathfrak{l} \rangle = \mathfrak{a}_1 \langle \mathfrak{r}, \mathfrak{l} \rangle = \mathfrak{a}_1 \mathfrak{n} \subseteq \mathfrak{h}_1$, und somit nach (4.2'') auch $\langle (\mathfrak{a}_1 \mathfrak{n}), \mathfrak{l} \rangle = \mathfrak{a}_1 \langle \mathfrak{n}, \mathfrak{l} \rangle = \mathfrak{a}_1 \mathfrak{l} \subseteq \mathfrak{h}_1$, zusammen also $\mathfrak{a}_1 \lambda \mathfrak{s} \mathfrak{p}(V) \subseteq \mathfrak{h}_1$. Entsprechend ergibt sich $\mathfrak{a}_2 \lambda \mathfrak{s} \mathfrak{p}(V) \subseteq \mathfrak{h}_1$, und es gilt daher $\mathfrak{h} = \mathfrak{a} \mathfrak{s} \mathfrak{p}(V)$. Damit ist Satz 4.1 bewiesen.

Für jedes Ideal $\mathfrak{a}$ von R entspricht dem Homomorphismus $h_\mathfrak{a}$: $V \to V/\mathfrak{a}V$ ein Homomorphismus $\psi_\mathfrak{a}$: $\mathfrak{sp}(V) \to \mathfrak{sp}(V/\mathfrak{a}V)$ der symplektischen Lie-Algebra. Die Modulisomorphie (4.1') zeigt unmittelbar, daß $\psi_\mathfrak{a}$ stets ein Epimorphismus ist, der Kern ist $\mathfrak{a}\,\mathfrak{sp}(V)$. Daher gilt für beliebige Ringe R

$$\overline{\psi}_\mathfrak{a}:\ \mathfrak{sp}(V)/\mathfrak{a}\,\mathfrak{sp}(V) \simeq \mathfrak{sp}(V/\mathfrak{a}V). \tag{4.7}$$

Als eine Folgerung der relativen Einfachheit von $\mathfrak{sp}(V)$ besteht ein Analogon von Satz 2.1. Spezielle Endomorphismen aus $\mathfrak{sp}(V)$ sind $\hat{\tau} = (*, z)\,z$ für beliebiges $z \in V$, denn es gilt $(\hat{\tau}x, y) = (x, z)(z, y) = -(x, (y, z)\,z) = -(x, \hat{\tau}z)$.

Satz 4.2: *Sei R ein Ring, in dem* 2 *Einheit ist. Die Lie-Algebra* $\mathfrak{sp}(V)$ *wird als R-Modul von allen Endomorphismen* $\hat{\tau} = (*, z)\,z$ *erzeugt, wobei z ganz V durchläuft.*

Beweis: Nach Satz 4.1 genügt es zu zeigen, daß der von allen $\hat{\tau}$ erzeugte R-Untermodul $\mathfrak{h}$ ein Lie-Ideal in $\mathfrak{sp}(V)$ der Höhe R ist. Da V hyperbolisch ist, hat für ein $z \in V$ der Höhe R auch $\hat{\tau} = (*, z)\,z$ die Höhe R in $\mathfrak{sp}(V)$; also ist $o(\mathfrak{h}) = R$. Die Lie-Idealeigenschaft von $\mathfrak{h}$ ergibt sich aus

$$[\hat{\sigma}, \hat{\tau}]_+ = (*, \hat{\sigma}z)\,{}^{\frown}z + (*, z)\,z - (*, \hat{\sigma}\,z - z)\,(\hat{\sigma}z - z) \tag{4.8}$$

für beliebiges $\hat{\sigma} \in \mathfrak{sp}(V)$. q.e.d.

2. Struktur von $Sp\,(V)$ über lokalen Ringen

Sei V ein hyperbolischer symplektischer Raum über dem lokalen Ring R. Die symplektische Lie-Algebra $\mathfrak{sp}(V)$ ist filtriert durch die Lie-Unteralgebren $\mathfrak{m}^\nu \mathfrak{sp}(V)$ $(\nu = 1, 2, \ldots)$. Ihr entspricht daher eine *assoziierte graduierte Lie-Algebra*

$$G\,\mathfrak{sp}(V) = \bigoplus_{\nu=0}^{\infty} \mathfrak{m}^\nu \mathfrak{sp}(V)/\mathfrak{m}^{\nu+1}\mathfrak{sp}(V) \qquad (\mathfrak{m}^0 = R) \tag{4.9}$$

über dem Restklassenkörper $\mathfrak{K}$, wobei die neue Lie-Multiplikation repräsentantenweise erklärt wird: Für homogene Elemente $x_\nu = \tilde{\varrho}_\nu$, $y_\mu = \tilde{\sigma}_\mu$ der Grade ν, μ mit Repräsentanten $\varrho_\nu \in \mathfrak{m}^\nu \mathfrak{sp}(V)$, $\sigma_\mu \in \mathfrak{m}^\mu \mathfrak{sp}(V)$ ist $\langle x_\nu, y_\mu \rangle$ als die Klasse mod $\mathfrak{m}^{\nu+\mu+1}\mathfrak{sp}(V)$ des additiven Kommutators $[\varrho_\nu, \sigma_\mu]_+ \in \mathfrak{m}^{\nu+\mu}\mathfrak{sp}(V)$ definiert

$$\langle \tilde{\varrho}_\nu, \tilde{\sigma}_\mu \rangle = [\varrho_\nu, \sigma_\mu]_+^{\sim}. \tag{4.9'}$$

Die durch (4.7) gegebenen Isomorphismen $\overline{\psi}_{\mathfrak{m}^\nu+1}$ induzieren Isomorphismen $\tilde{\psi}_\nu$: $\mathfrak{m}^\nu\mathfrak{sp}(V)/\mathfrak{m}^{\nu+1}\mathfrak{sp}(V) \simeq \overline{\mathfrak{m}}^\nu\mathfrak{sp}(V/\mathfrak{m}^{\nu+1}V)$ (mit $\overline{\mathfrak{m}}^\nu =$

$\mathfrak{m}^{\nu}/\mathfrak{m}^{\nu+1}$), deren direkte Summe daher einen Isomorphismus

$$\widetilde{\psi} = \oplus\,\widetilde{\psi}_{\nu}:\ G\,\mathfrak{sp}\,(V) \overset{\sim}{\to} \overset{\infty}{\underset{\nu=0}{\oplus}}\,\overline{\mathfrak{m}}^{\nu}\,\mathfrak{sp}\,(V/\mathfrak{m}^{\nu+1}\,V) \tag{4.9''}$$

von graduierten $\mathfrak{K}$-Vektorräumen; die Lie-Multiplikation (4.9') wird vermöge $\widetilde{\psi}$ übertragen und beide Seiten im folgenden identifiziert.

Nach MAGNUS [18] und LAZARD [17] ist ein ähnliches Verfahren bekannt, gewissen filtrierten Gruppen eine graduierte Lie-Algebra zuzuordnen. Dazu sei G eine Gruppe, in der eine abzählbare absteigende Folge von Normalteilern H_{ν} ausgezeichnet ist mit den Kommutatorbedingungen

$$H_1 = G,\quad H_{i+1} \subseteq H_i,\quad [H_i, H_j] \subseteq H_{i+j}; \tag{4.10}$$

$\mathfrak{H} = \{H_i\}$ heißt N-$Reihe$ von G. Ist für ein $\mathfrak{H}$ zusätzlich

$$\underset{i}{\cap}\,H_i = (1) \tag{4.10'}$$

erfüllt, so heiße G *abzählbar nilpotent* (oder N-*Gruppe* nach LAZARD [17]). Offenbar ist für jede Gruppe G die *absteigende Zentralreihe* $G_1 = G$, $G_{i+1} = [G, G_i]$ eine N-Reihe, sogar die feinste N-Reihe; also ist G abzählbar nilpotent genau dann, wenn $\underset{i}{\cap}\,G_i = (1)$ ist.

Sei G, $\mathfrak{H}$ eine abzählbare nilpotente Gruppe mit fester N-Reihe $\mathfrak{H} = \{H_{\nu}\}$. Nach (4.10) ist $[G, H_j] \subseteq H_{j+1}$, also liegt H_j/H_{j+1} im Zentrum von G/H_{j+1}, ist also insbesondere abelsch. Bezeichnet $\Psi_{\nu}: H_{\nu} \to \overline{H}_{\nu}^{+}$ Epimorphismen mit dem Kern $H_{\nu+1}$ auf eine additive Gruppe $\overline{H}_{\nu}^{+} \simeq H_{\nu}/H_{\nu+1}$, so wird die graduierte abelsche Gruppe

$$\mathfrak{L}(G, \mathfrak{H}, \Psi) = \overset{\infty}{\underset{\nu=0}{\oplus}}\,\overline{H}_{\nu}^{+} \tag{4.11}$$

zu einem graduierten Lie-Ring, wenn die Lie-Multiplikation durch

$$\langle \Psi_{\nu}\varrho_{\nu},\,\Psi_{\mu}\sigma_{\mu}\rangle' = \Psi_{\nu+\mu}\big([\varrho_{\nu},\,\sigma_{\mu}]\big)\quad (\varrho_{\nu}\in H_{\nu},\ \sigma_{\mu}\in H_{\mu}) \tag{4.11'}$$

für homogene Elemente und durch bilineare Fortsetzung für beliebige Elemente erklärt wird (LAZARD [17]); $\mathfrak{L}(G) = \mathfrak{L}(G, \mathfrak{H}, \Psi)$ heißt der *assoziierte (graduierte) Lie-Ring von G bezüglich* $\mathfrak{H}$, Ψ.

Dieser Prozeß soll nun im Fall $G = Sp\,(V, \mathfrak{m})$ mit dem graduierten symplektischen Lie-Ring verglichen werden. Dazu wird die $\mathfrak{m}$-*adische Filtrierung* $\mathfrak{H} = \{H_{\nu} = Sp\,(V, \mathfrak{m}^{\nu})\}$ auf G eingeführt, die nach § 1.3 wegen $\cap\,\mathfrak{m}^{\nu} = (0)$ eine separierte Topologie definiert, die $\mathfrak{m}$-*adische Topologie* auf G.

In Ergänzung zu Satz 3.1 und gleichzeitig als Vorbereitung für die Strukturaussagen wird gezeigt:

Satz 4.3: *Sei R ein lokaler Ring, $\mathfrak{a}, \mathfrak{b}$ Ideale. Dann gilt vermöge der Abbildung $\sigma = id - \sigma^+ \to \sigma^+$ die Isomorphie*

$$\Phi_{\mathfrak{a}}: \; Sp\,(V, \mathfrak{a}) \simeq \mathfrak{a}\,\mathfrak{sp}\,(V)^+ \quad \text{für alle } \mathfrak{a} \text{ mit } \mathfrak{a}^2 = (0). \qquad (4.12)$$

Sei noch Char $\mathfrak{K} \neq 2$ *erfüllt. Dann ist der Zentralisator von $Sp\,(V, \mathfrak{a})$ in $Sp\,(V, \mathfrak{m})$ für beliebige Ideale $\mathfrak{a}$ bestimmt durch*

$$\text{Zentral } Sp\,(V, \mathfrak{a}) = Sp\,(V, 0:\mathfrak{a}), \qquad (4.13)$$

wobei $0:\mathfrak{a}$ den Annullator von $\mathfrak{a}$ in R bezeichnet; insbesondere gilt für das Zentrum von $Sp\,(V, \mathfrak{m})$

$$\text{Zentr } Sp\,(V, \mathfrak{m}) = Sp\,(V, 0:\mathfrak{m}). \qquad (4.13')$$

Für zwei Ideale $\mathfrak{a}, \mathfrak{b}$ ist die gemischte Kommutatorgruppe $\big[Sp\,(V, \mathfrak{a}),\ Sp\,(V, \mathfrak{b})\big]$ dicht in $Sp\,(V, \mathfrak{a}\mathfrak{b})$ im Sinn der $\mathfrak{m}$-adischen Topologie; es gilt sogar

$$\big[Sp\,(V, \mathfrak{a}),\ Sp\,(V, \mathfrak{b})\big] = Sp\,(V, \mathfrak{a}\mathfrak{b}) \quad \text{falls } |\mathfrak{K}| > 3. \qquad (4.14)$$

Beweis: Für $\sigma = 1 - \sigma^+ \in Sp\,(V, \mathfrak{a})$ ist $\sigma^+ V \subseteq \mathfrak{a}\,V$, also $(\sigma^+ x,\ \sigma^+ y) = 0$ für alle $x, y \in V$ im Fall $\mathfrak{a}^2 = (0)$. Daher ist σ symplektisch aus $Sp\,(V, \mathfrak{a})$ genau dann, wenn $\sigma^+ \in \mathfrak{a}\,\mathfrak{sp}\,(V)$. Wegen $\mathfrak{a}^2 = (0)$ ist ferner $\sigma \to \sigma^+$ homomorph, daher also ein Isomorphismus (4.12).

Für irgend zwei $\varrho, \sigma \in Sp\,(V)$ ist $\varrho\sigma = \sigma\varrho$ gleichbedeutend mit $\varrho^+ \sigma^+ = \sigma^+ \varrho^+$. Nach Satz 2.1 ist $\sigma \in \text{Zentral } Sp\,(V, \mathfrak{a})$ genau dann, wenn σ mit allen Haupttransvektionen $\tau_k = id - \alpha\,(*,\ z_k)\,z_k$ $(\alpha \in \mathfrak{a},$ z_k Basis von $V)$ vertauschbar ist, also genau dann, wenn gilt

$$\alpha\,(\sigma^+ z_k,\ z_i)\,z_i = \alpha\,(z_k,\ z_i)\,\sigma^+ z_i \quad \text{für alle } i, k, \text{ alle } \alpha \in \mathfrak{a}. \qquad (4.15)$$

Speziell für eine hyperbolische Basis $\{z_k\} = \{e_j,\ e_j'\}$ ergibt sich $(\sigma^+ z_k,\ z_i) \in (0:\mathfrak{a})$ für alle z_k, z_i mit $z_k z_i = 0$. Folglich wird $\sigma^+ e_k \equiv \gamma_k e_k$, $\sigma^+ e_k' \equiv \gamma_k' e_k' \,((0:\mathfrak{a})\,V)$ für alle k, und somit $(\sigma^+ e_k,\ e_k') \equiv \gamma_k$, $(e_k,\ \sigma^+ e_k') \equiv \gamma_k'\,(0:\mathfrak{a})$. Eingesetzt in (4.15) erhält man $\alpha\gamma_k e_k' = \alpha\gamma_k' e_k'$ für alle $\alpha \in \mathfrak{a}$, also $\gamma_k \equiv \gamma_k'\,(0:\mathfrak{a})$ für alle k. Die Bedingung für $\sigma \in Sp\,(V)$ impliziert $(\sigma^+ e_k,\ e_k') + (e_k,\ \sigma^+ e_k') = (\sigma^+ e_k,\ \sigma^+ e_k')$, also ist $\gamma_k' + \gamma_k \equiv \gamma_k'\gamma_k\,(0:\mathfrak{a})$ und folglich $\gamma_k\,(2 - \gamma_k) \equiv 0\,(0:\mathfrak{a})$ für alle k. Da wegen $\sigma \in Sp\,(V, \mathfrak{m})$ alle $\gamma_k \in \mathfrak{m}$ sind und 2 Einheit ist, folgt $\gamma_k \equiv \gamma_k' \equiv 0\,(0:\mathfrak{a})$. Damit ist $\sigma^+ V \subseteq (0:\mathfrak{a})\,V$ und somit $\sigma \in Sp\,(V, 0:\mathfrak{a})$ gezeigt. Umgekehrt sind für ein $\sigma \in Sp\,(V, 0:\mathfrak{a})$ beide Seiten in (4.15) identisch 0, also liegt σ im Zentralisator von $Sp(V, \mathfrak{a})$. Das beweist (4.13) und (4.13′).

Ohne jede Charakteristik-Voraussetzung gilt stets

$$[Sp(V, \mathfrak{a}),\ Sp(V, \mathfrak{b})] \subseteq Sp(V, \mathfrak{ab}). \tag{4.16}$$

Durch Anwendung von $\varphi_{\mathfrak{ab m}}$ erkennt man wegen $Sp(V, \mathfrak{ab})/Sp(V, \mathfrak{ab m}) \simeq Sp(V/\mathfrak{ab m}\, V,\ \mathfrak{ab}/\mathfrak{ab m})$, daß es genügt, (4.16) für den Fall $\mathfrak{ab m} = (0)$ zu beweisen. In diesem Fall wird aber

$$[\varrho,\ \sigma] = id - [\varrho^+,\ \sigma^+]_+ \quad \text{für} \quad \varrho \in Sp(V, \mathfrak{a}),\ \sigma \in Sp(V, \mathfrak{b}) \tag{4.17}$$

mit dem additiven Kommutator $[\varrho^+,\ \sigma^+]_+ = \varrho^+ \sigma^+ - \sigma^+ \varrho^+$. Wegen $[\varrho^+,\ \sigma^+]_+ V \subseteq \mathfrak{ab}\, V$ ergibt dies (4.16).

Sei nun Char $\mathfrak{K} \neq 2$. Wir zeigen zunächst

$$[Sp(V, \mathfrak{a}),\ Sp(V, \mathfrak{b})] = Sp(V, \mathfrak{ab}) \quad \text{für} \quad \mathfrak{ab m} = (0). \tag{4.14′}$$

Durch den nach (4.12) bestehenden Isomorphismus

$$Sp(V, \mathfrak{ab}) \simeq \mathfrak{ab}\, \mathfrak{sp}(V)^+ \quad \text{für} \quad \mathfrak{ab m} = (0) \tag{4.12′}$$

wird ein Monomorphismus

$$[Sp(V, \mathfrak{a}),\ Sp(V, \mathfrak{b})] \to \mathfrak{ab}\, \mathfrak{sp}(V)^+ \tag{4.12″}$$

induziert. Das Bild ist ein Lie-Ideal in $\mathfrak{sp}(V)$ der Höhe $\mathfrak{ab}$. Denn einerseits ist $[Sp(V, \mathfrak{a}),\ Sp(V, \mathfrak{b})]$ als Normalteiler von $Sp(V)$ bezüglich Kommutatorbildung mit beliebigen Transvektionen $\tau = id - (*, z)z = id - \tau^+$ abgeschlossen. Andererseits ist $\tau^+ \in \mathfrak{sp}(V)$ und es gilt für beliebiges $\sigma = id - \sigma^+ \in Sp(V, \mathfrak{ab})$ wegen $\tau^{+2} = \sigma^{+2} = 0$ wieder $[\sigma,\ \tau] = id - [\sigma^+,\ \tau^+]_+$. Das Bild bei der Abbildung (4.12″) bleibt daher bei Lie-Multiplikation mit allen $\tau^+ = (*, z)z \in \mathfrak{sp}(V)$ invariant, ist daher nach Satz 4.2 ein Lie-Ideal in $\mathfrak{sp}(V)$. Es hat die Höhe $\mathfrak{ab}$ in $\mathfrak{sp}(V)$, denn für die Haupttransvektionen $\tau = id - \alpha(*, e)e$ und $\hat{\tau} = id - \beta(*, e')e'$ $(ee' = 1)$ gilt $[\tau^+, \hat{\tau}^+]_+(e) = -\alpha\beta e$ für alle $\alpha \in \mathfrak{a}$, $\beta \in \mathfrak{b}$. Nach Satz 4.1 ist daher (4.12″) ein Isomorphismus. Der Vergleich mit (4.12′) ergibt (4.14′).

Aus (4.14′) schließt man für beliebige $\mathfrak{a}, \mathfrak{b}$ mit $N = [Sp(V, \mathfrak{a}),\ Sp(V, \mathfrak{b})]$

$$N\, Sp(V, \mathfrak{ab m}) = Sp(V, \mathfrak{ab}). \tag{4.14″}$$

Sukzessive Anwendung von (4.14″) auf die Ideale $\mathfrak{a}, \mathfrak{b}\, \mathfrak{m}^i$ ergibt $N\, Sp(V, \mathfrak{ab m}^i) = Sp(V, \mathfrak{ab})$ für alle $i \geq 1$; wegen $Sp(V, \mathfrak{ab m}^i) \subseteq Sp(V, \mathfrak{ab}) \cap Sp(V, \mathfrak{m}^i)$ ist daher N bei der induzierten $\mathfrak{m}$-adischen Topologie dicht in $Sp(V, \mathfrak{ab})$.

Für $|\Re|>3$ kann nach dem Normalteilersatz N in der Form $N=Sp(V,\mathfrak{c}')$ mit $\mathfrak{c}'\leqq\mathfrak{c}=\mathfrak{a}\mathfrak{b}$ angesetzt werden. Aus (4.14'') ergibt sich nach (2.5) und Satz 2.1 $\mathfrak{c}=\mathfrak{c}'+\mathfrak{c}\,\mathfrak{m}$, also nach dem Lemma von KRULL-NAKAYAMA $\mathfrak{c}=\mathfrak{c}'$ Damit ist Satz 4.3 bewiesen.

Aus dem Bisherigen ergibt sich nun leicht die folgende Aussage über die $\mathfrak{m}$-adisch filtrierte Gruppe $G=Sp(V,\mathfrak{m})$:

Satz 4.4: *Sei R ein lokaler Ring. $G=Sp(V,\mathfrak{m})$ ist abzählbar nilpotent, die $\mathfrak{m}$-adische Filtrierung $\mathfrak{H}=\{H_\nu=Sp(V,\mathfrak{m}^\nu)\}$ ist eine N-Reihe. Für ihre Faktorgruppen bestehen die durch (2.9') und (4.12) gegebenen natürlichen Isomorphien*

$$\overline{\Psi}_\nu\colon\ H_\nu/H_{\nu+1}\overset{\sim}{\to}Sp(V/\mathfrak{m}^{\nu+1}V,\overline{\mathfrak{m}}^\nu)\overset{\sim}{\to}\overline{\mathfrak{m}}^\nu\mathfrak{s}\mathfrak{p}(V/\mathfrak{m}^{\nu+1}V)=\overline{H}_\nu^+\qquad(4.18)$$

auf $\Re$-Vektorräume der Dimensionen

$$\dim_\Re(H_\nu/H_{\nu+1})=(2n^2+n)\,\dim_\Re(\overline{\mathfrak{m}}^\nu).\qquad(4.18')$$

Mit den durch die $\overline{\Psi}_\nu$ gegebenen Epimorphismen $\Psi_\nu\colon H_\nu\to\overline{H}_\nu^+$ stimmt die assoziierte Lie-Algebra $\mathfrak{L}(G,\mathfrak{H},\Psi)$ mit der graduierten Lie-Algebra des maximalen Lie-Ideals $\mathfrak{m}\mathfrak{s}\mathfrak{p}(V)$ von $\mathfrak{s}\mathfrak{p}(V)$ überein

$$\mathfrak{L}(G,\mathfrak{H},\Psi)=G(\mathfrak{m}\mathfrak{s}\mathfrak{p}(V))\quad mit\quad\Psi=\{\Psi_\nu\}.\qquad(4.19)$$

Ist noch Char $\Re\neq2$, *so ist die ν-te gemischte Kommutatorgruppe G_ν dicht in H_ν; es gilt sogar*

$$G_\nu=Sp(V,\mathfrak{m}^\nu)\quad f\ddot ur\quad|\Re|>3.\qquad(4.20)$$

Beweis: Nach (4.16) ist $\{H_\nu\}$ eine N-Reihe, also G abzählbar nilpotent. Durch die nach (2.9') und (4.12) gegebenen Isomorphismen $\overline{\varphi}_{\mathfrak{m}^\nu+1}$ bzw. $\Phi_{\overline{\mathfrak{m}}^\nu}$ erhält man (4.18) mit $\overline{\Psi}_\nu=\Phi_{\overline{\mathfrak{m}}^\nu}\circ\overline{\varphi}_{\mathfrak{m}^\nu+1}$, und daraus nach (4.1') die Dimensionsgleichung (4.18').

Die Identifizierung (4.9'') ergibt für $G(\mathfrak{m}\mathfrak{s}\mathfrak{p}(V))$ die Identifizierung

$$G(\mathfrak{m}\mathfrak{s}\mathfrak{p}(V))=\overset{\infty}{\underset{\nu=1}{\oplus}}\,\overline{\mathfrak{m}}^\nu\mathfrak{s}\mathfrak{p}(V/\mathfrak{m}^{\nu+1}V)=\overset{\infty}{\underset{\nu=1}{\oplus}}\,\overline{H}_\nu^+,$$

also gilt (4.19) für die unterliegenden graduierten $\Re$-Vektorräume nach Definition (4.11). Die natürlichen Epimorphismen $\varphi_{\mathfrak{m}^\nu+1}=\varphi_\nu$ und $\psi_{\mathfrak{m}^\nu+1}=\psi_\nu$ werden beide induziert durch den zu $h_{\mathfrak{m}^\nu+1}$ gehörigen natürlichen Epimorphismus $\hat{\varphi}_\nu=\hat{\varphi}_{\mathfrak{m}^\nu+1}\colon End_R(V)\to End_{R/\mathfrak{m}^\nu+1}(V/\mathfrak{m}^{\nu+1}V)$. Das Lie-Produkt in $G(\mathfrak{m}\mathfrak{s}\mathfrak{p}(V))$ berechnet sich für homogene $x_\nu=\psi_\nu(\varrho_\nu')\in\overline{H}_\nu^+,\ y_\mu=\psi_\mu(\sigma_\mu')\in\overline{H}_\mu^+$ vermöge Repräsentanten $\varrho_\nu'\in$

$\mathfrak{m}^\nu\mathfrak{sp}\,(V)$, $\sigma'_\mu\in\mathfrak{m}^\mu\mathfrak{sp}\,(V)$ nach (4.9')

$$\langle x_\nu, y_\mu\rangle=\widetilde{\psi}_{\nu+\mu}\big([\varrho'_\nu,\sigma'_\mu]\widetilde{_+}\big)=\psi_{\nu+\mu}\big([\varrho'_\nu,\sigma'_\mu]_+\big)\in\overline{H}^+_{\nu+\mu}.$$

Das Lie-Produkt in $\mathfrak{L}(G,\mathfrak{H},\Psi)$ ist nach (4.11') für $x_\nu=\Psi_\nu(\varrho_\nu)$, $y_\mu=\Psi_\mu(\sigma_\mu)$ vermöge Repräsentanten $\varrho_\nu\in H_\nu$, $\sigma_\mu\in H_\mu$ unter Beachtung von (4.17) gegeben durch

$$\langle x_\nu, y_\mu\rangle'=\Psi_{\nu+\mu}\big([\varrho_\nu,\sigma_\mu]\big)=[\varphi_{\nu+\mu}\varrho_\nu,\varphi_{\nu+\mu}\sigma_\mu]^+=[(\varphi_{\nu+\mu}\varrho_\nu)^+,(\varphi_{\nu+\mu}\sigma_\mu)^+]_+.$$

Wegen $x_\nu=\Psi_\nu(\varrho_\nu)=(\varphi_\nu(\varrho_\nu))^+=\widehat{\varphi}_\nu(\varrho_\nu^+)$ und $x_\nu=\psi_\nu(\varrho'_\nu)=\widehat{\varphi}_\nu(\varrho'_\nu)$ ist innerhalb $End\,(V)$:

$$\varrho_\nu^+\equiv\varrho'_\nu\big(\mathfrak{m}^{\nu+1}End\,(V)\big),\quad \sigma_\mu^+\equiv\sigma'_\mu\big(\mathfrak{m}^{\mu+1}End\,(V)\big).$$

Wegen $\varrho_\nu^+,\varrho'_\nu\in\mathfrak{m}^\nu End\,(V)$ und $\sigma_\mu^+,\sigma'_\mu\in\mathfrak{m}^\mu End\,(V)$ folgt daher $[\varrho_\nu^+,\sigma_\mu^+]_+\equiv[\varrho'_\nu,\sigma'_\mu]_+\big(\mathfrak{m}^{\nu+\mu+1}End\,(V)\big)$. Anwendung von $\widehat{\varphi}_{\nu+\mu}$ ergibt

$$\widehat{\varphi}_{\nu+\mu}\big([\varrho_\nu^+,\sigma_\mu^+]_+\big)=\widehat{\varphi}_{\nu+\mu}\big([\varrho'_\nu,\sigma'_\mu]_+\big);$$

wegen $[\varrho'_\nu,\sigma'_\mu]_+\in\mathfrak{m}^{\nu+\mu}\mathfrak{sp}\,(V)$ ist die rechte Seite gleich $\psi_{\nu+\mu}\big([\varrho'_\nu,\sigma'_\mu]_+\big)$, während die linke Seite mit $[\widehat{\varphi}_{\nu+\mu}(\varrho_\nu^+),\widehat{\varphi}_{\nu+\mu}(\sigma_\mu^+)]_+=[(\varphi_{\nu+\mu}\varrho_\nu)^+,(\varphi_{\nu+\mu}\sigma_\mu)^+]_+$ übereinstimmt. Das ergibt $\langle x_\nu, y_\mu\rangle=\langle x_\nu, y_\mu\rangle'$, also stimmen auch die Lie-Strukturen beider Seiten in (4.19) überein.

Die letzte Aussage des Satzes ist ein Spezialfall von Satz 4.3 für $\mathfrak{a}=\mathfrak{m}^{\nu-1}$, $\mathfrak{b}=\mathfrak{m}$. q.e.d.

Eine präkompakte Gruppe, die eine Umgebungsbasis der 1 aus offenen Untergruppen besitzt (lineartopologische Gruppe), heißt p-*Gruppe* (p Primzahl), wenn alle Faktorgruppen nach offenen Normalteilern (endliche) p-Gruppen sind. Maximale p-Untergruppen $G^{(p)}$ von präkompakten lineartopologischen Gruppen G heißen p-*Sylowgruppen* von G; sie sind abgeschlossen in G. Nach klassischen Resultaten von van Dantzig (vgl. auch Schöneborn [20]) sind die p-Sylowgruppen zu festem p konjugiert, sofern G kompakt ist und ein abzählbares Umgebungssystem der 1 besitzt. Eine Bestimmung der p-Sylowgruppen von $Sp\,(V)$ leistet der

Satz 4.5: *Sei R ein lokaler Ring mit endlichem Restklassenkörper $\mathfrak{K}$ von $q=p^r$ Elementen (p Primzahl).*

Dann gilt für die Indizes der Hauptkongruenzgruppen

$$\big(Sp\,(V): Sp\,(V,\mathfrak{m}^\nu)\big)=q^{n(2n+1)[P(\nu)+1]}\prod_{i=1}^{n}\Big(1-\frac{1}{q^{2i}}\Big),\qquad(4.21)$$

wobei $P(\nu)$ die Hilbert-Samuel-Funktion von $\mathfrak{m}$ in R bezeichnet. Insbesondere ist $Sp\,(V)$ präkompakt.

Für $p \neq 2$ ist $Sp(V)$ topologisch endlich erzeugt, genauer: Ein Repräsentantensystem jedes (endlichen) Erzeugendensystems von $Sp(V, \mathfrak{m})/Sp(V, \mathfrak{m}^2)$ erzeugt eine dichte Untergruppe in $Sp(V, \mathfrak{m})$.

Eine p-Sylowgruppe $Sp(V)^{(p)}$ von $Sp(V)$ ist in Matrixdarstellung (3.4) gegeben als Gruppe aller $\sigma \in Sp(V)$ der Form

$$\sigma \equiv \begin{pmatrix} a & * \\ 0 & a'^{-1} \end{pmatrix} \bmod Sp(V, \mathfrak{m}) \text{ mit } a \equiv \begin{pmatrix} 1 & & & \\ & 1 & & * \\ & & \cdot & \cdot \\ 0 & & & \cdot & \\ & & & & 1 \end{pmatrix} (GL_n(R, \mathfrak{m})). \quad (4.22)$$

Sei $Sp(V)$ sogar kompakt. Dann sind die p'-Sylowgruppen $Sp(V)^{(p}$ von $Sp(V)$ (p' Primzahl $\neq p$) sämtlich endlich, und vermöge $\varphi_\mathfrak{m}$ zu den p'-Sylowgruppen von $Sp(V/\mathfrak{m}V)$ isomorph.

Beweis: Nach (4.18′) ist $\big(Sp(V, \mathfrak{m}) : Sp(V, \mathfrak{m}^\nu)\big) = q^{n(2n+1)\sum\limits_{i=1}^{\nu-1} \dim_\mathfrak{R}(\overline{\mathfrak{m}}^i)}$, während $Sp(V)/Sp(V, \mathfrak{m}) \simeq Sp(V/\mathfrak{m}V)$ bekanntlich die Ordnung $q^{n^2} \prod\limits_{i=1}^{n} (q^{2i} - 1)$ hat (etwa ARTIN [2]). Nach Definition $P(\nu) = \sum\limits_{i=1}^{\nu-1} \dim_\mathfrak{R}(\overline{\mathfrak{m}}^i) = l(R/\mathfrak{m}^\nu)$ der Hilbert-Samuel-Funktion als Länge des Artinschen Ringes $R/\mathfrak{m}^\nu$ folgt daraus (4.21).

Für $p \neq 2$ ist nach Satz 4.4 die Kommutatorgruppe von $Sp(V, \mathfrak{m})/Sp(V, \mathfrak{m}^\nu) \simeq Sp(V/\mathfrak{m}^\nu V, \mathfrak{m}/\mathfrak{m}^\nu)$ gleich $Sp(V, \mathfrak{m}^2)/Sp(V, \mathfrak{m}^\nu)$. Für endliche p-Gruppen enthält die Frattini-Untergruppe bekanntlich die Kommutatorgruppe ([23], IV, Satz 12), Repräsentanten einer Basis der Faktorkommutatorgruppe erzeugen also die p-Gruppe. Ist E eine Menge von Repräsentanten einer Basis von $Sp(V, \mathfrak{m})/Sp(V, \mathfrak{m}^2)$, so ist daher $\varphi_{\mathfrak{m}^\nu} E$ ein Erzeugendensystem von $Sp(V, \mathfrak{m})/Sp(V, \mathfrak{m}^\nu)$ für jedes ν, die erzeugte Gruppe (E) also dicht in $Sp(V, \mathfrak{m})$.

Da die offenen Normalteiler $Sp(V, \mathfrak{m}^\nu)$ in $Sp(V, \mathfrak{m})$ sämtlich p-Potenzindex haben, ist $Sp(V, \mathfrak{m})$ eine präkompakte p-Gruppe. Eine p-Sylowgruppe von $Sp(V)$ erhält man daher als Urbild $\varphi_\mathfrak{m}^{-1} Sp(V/\mathfrak{m}V)^{(p)}$ einer p-Sylowgruppe der symplektischen Gruppe $Sp(V/\mathfrak{m}V) = Sp_{2n}(\mathfrak{R})$. Zunächst bilden die $\bar\sigma \in Sp_{2n}(\mathfrak{R})$ der Gestalt (4.22) eine Untergruppe der Invarianzgruppe $T(\overline{V}, \overline{W})$ des maximalisotropen Teilraumes $\varphi_\mathfrak{m} W = \overline{W}$ von $\overline{V} = V/\mathfrak{m}V$, der zu der (3.4) zugrundeliegenden Zerlegung $V = W \oplus W'$ in maximalisotrope Teilräume gehört. Nach (3.7) hat $Fix\,\overline{W} \simeq S_n^+(\mathfrak{R})$ die Ordnung $q^{\frac{n(n+1)}{2}}$, während bekanntlich die Matrizen der Form

$$\begin{pmatrix} 1 & & \\ & 1 & * \\ & & \ddots \\ 0 & & 1 \end{pmatrix} \text{ eine } p\text{-Sylowgruppe von } GL_n(\mathfrak{R}) \text{ der Ordnung } q^{\frac{n(n-1)}{2}}$$

bilden. Nach (3.7) bilden die Matrizen $\bar{\sigma}$ der Form (4.22) also eine Untergruppe von $Sp_{2n}(\mathfrak{R})$ der Ordnung $q^{\frac{n(n+1)}{2}} q^{\frac{n(n-1)}{2}} = q^{n^2}$, die also gleich der maximalen p-Potenz in der Ordnung von $Sp_{2n}(\mathfrak{R})$ ist.

Die Behauptung über die p'-Sylowgruppen folgt unmittelbar aus folgender Verallgemeinerung eines Satzes von I. Schur (etwa [23], IV, Satz 25):

Zerfallskriterium: *Sei G eine kompakte lineartopologische Gruppe mit abzählbarer Umgebungsbasis der 1, H ein offener Normalteiler mit der Eigenschaft*:

(a) *H p-Gruppe (p Primzahl)*   (b) *$(G:H) = m < \infty$ und $p \nmid m$.*
Dann zerfällt die Gruppenerweiterung G von H, d.h. es existiert eine endliche Untergruppe G_0 von G mit

$$G = G_0 H \quad \text{und} \quad G_0 \cap H = (1).$$

Beweis: Nach bekannten Schlüssen existiert unter diesen Voraussetzungen eine abzählbare absteigende Umgebungsbasis der 1 aus in H enthaltenden Normalteilern H von $G : H = H_0 \geqq H_\nu \geqq H_{\nu+1}$. Wir konstruieren induktiv eine absteigende Folge G_ν von Schurschen Untergruppen mit den Eigenschaften

$$G_\nu \geqq H_\nu \quad \text{mit} \quad (G_\nu : H_\nu) = m, \quad G_\nu H_{\nu-1} = G_{\nu-1}. \tag{4.23}$$

Dazu denken wir uns die Menge aller Untergruppen von G wohlgeordnet. Seien G_ν für $\nu \leqq k$ mit (4.23) bereits konstruiert. Dann ist G_k/H_{k+1} Gruppenerweiterung der endlichen p-Gruppe H_k/H_{k+1} mit zu $G_k/H_k \simeq G/H$ isomorpher Faktorgruppe. Anwendung des Schurschen Kriteriums ergibt die Existenz einer Untergruppe G_{k+1}/H_{k+1} der Ordnung m mit $G_{k+1}H_k = G_k$; man wähle unter diesen das eindeutig bestimmte G_{k+1} mit kleinstem Index in der Wohlordnung. Dann ist $G_0 = \cap \, G_k$ die gesuchte Untergruppe. Wegen $G_k H = G$ gibt es nämlich zu jedem $\bar{z} \in \bar{G} = G/H$ ein $z_k \in G_k$ mit $z_k H = \bar{z}$; da z_k wegen $G_k \cap H = H_k$ modulo H_k eindeutig bestimmt ist, gilt $z_{k+1} \equiv z_k (H_k)$. Die Cauchyfolge z_k konvergiert daher gegen ein $z \in G$, das wegen $z \equiv z_k (H_k)$ in G_0 liegt und $zH = \bar{z}$ erfüllt. Wegen $G_0 \cap H = \underset{k}{\cap} (G_k \cap H) = \underset{k}{\cap} H_k = (1)$ ist damit das Kriterium bewiesen.

Wir schließen zwei Bemerkungen an. Das Wachstum des Index (4.21) ist bekannt, da die Hilbert-Samuel-Funktion $P(v)$ für große v ein Polynom mit höchstem Glied v^d ($d = \dim R$) ist.

Für die Kompaktheit von $Sp(V)$ ist die Kompaktheit des lokalen Ringes R notwendig und hinreichend. Denn die kompakte Gruppe $Sp(V)$ enthält die kompakte Fixgruppe $Fix(W)$, die nach (3.7) zu dem $\mathfrak{m}$-adisch topologisierten freien R-Modul $S_n(R)$ topologisch isomorph ist; also ist R kompakt. Umgekehrt induziert die $\mathfrak{m}$-adische Topologie $\{1_{2n} + \mathfrak{m}^v M_{2n}(R)\}$ der 1-Einheitengruppe des lokalen Ringes $M_{2n}(R)$ auf $Sp_{2n}(R)$ die $\mathfrak{m}$-adische Topologie $\{Sp_{2n}(R, \mathfrak{m}^v)\}$. Als abgeschlossene Untergruppe von $1_{2n} + \mathfrak{m} M_{2n}(R)$ ist daher $Sp_{2n}(R, \mathfrak{m})$ kompakt, wenn R kompakt ist.

3. Symplektische Gruppen über dedekindschen Ringen

Sei R ein dedekindscher Ring, versehen mit der vollen Idealtopologie, bestehend aus allen Idealen $\mathfrak{a} \neq (0)$ als Umgebungsbasis der 0,

$R_\mathfrak{p}$ seine $\mathfrak{p}$-adische Hülle für Primideale $\mathfrak{p}$,

$\widetilde{R} = \prod_\mathfrak{p} R_\mathfrak{p}$ ($\mathfrak{p}$ alle Primideale) der *Adelring von* R, vollständige Hülle von R bei der Idealtopologie,

V ein freier nichtsingulärer symplektischer Raum über R.

Durch Erweiterung der Bilinearform (x, y) von V auf die $\mathfrak{p}$-adische Hülle $V_\mathfrak{p} = R_\mathfrak{p} \otimes_R V$ bzw. auf $\widetilde{R} \otimes_R V$ werden $V_\mathfrak{p}$ bzw. $\widetilde{R} \otimes_R V$ zu freien nichtsingulären symplektischen Räumen über $R_\mathfrak{p}$ bzw. $\widetilde{R}$. Der metrische Raum $\widetilde{R} \otimes_R V$ kann vermöge $\tilde{\lambda} \otimes x \to (\lambda_\mathfrak{p} \otimes x)_\mathfrak{p}$ $\left(\tilde{\lambda} = (\lambda_\mathfrak{p}) \in \widetilde{R}, \; x \in V\right)$ identifiziert werden mit dem metrischen Produktraum

$$\widetilde{V} = \prod_\mathfrak{p} V_\mathfrak{p}, \text{ dem } Adelraum \; von \; V \text{ über } \widetilde{R}.$$

Sieht man V als in jedem $V_\mathfrak{p}$ enthalten an (jedoch kein $V_\mathfrak{p}$ als in $\widetilde{V}$ enthalten!), so wird V vermöge der Diagonalabbildung $d\colon V \to \widetilde{V}$ in $\widetilde{V}$ abgebildet. Die in $\widetilde{R}$ abgeschlossenen Hüllen $\tilde{\mathfrak{a}}$ von R-Idealen $\mathfrak{a}$ bestimmen natürliche Epimorphismen $h_{\tilde{\mathfrak{a}}}\colon \widetilde{V} \to \widetilde{V}/\tilde{\mathfrak{a}} \widetilde{V}$, die auf V die $h_\mathfrak{a}$ induzieren; dabei gilt: $V/\mathfrak{a} V \simeq \widetilde{V}/\tilde{\mathfrak{a}} \widetilde{V}$.

Eine symplektische Transformation σ aus $Sp(V)$ gestattet je eine eindeutige Fortsetzung $\tilde{\sigma}$ auf $\widetilde{V} = \widetilde{R} \otimes V$ bzw. $\sigma_\mathfrak{p}$ auf $V_\mathfrak{p}$; die Abbildungen $\sigma \to \tilde{\sigma}$ bzw. $\sigma \to \sigma_\mathfrak{p}$ sind daher Monomorphismen $j\colon Sp(V) \to Sp(\widetilde{V})$ bzw. $j_\mathfrak{p}\colon Sp(V) \to Sp(V_\mathfrak{p})$. Versieht man $Sp(V)$

mit der durch $\{Sp\,(\tilde{V},\tilde{\mathfrak{a}})\,|\,\tilde{\mathfrak{a}}\text{ offen}\}$ für alle offenen $\tilde{R}$-Ideale $\tilde{\mathfrak{a}}$ bestimmten Kongruenztopologie, und

$\prod\limits_{\mathfrak{p}} Sp\,(V_{\mathfrak{p}})$, die *Idelgruppe von* $Sp\,(V)$, mit der Produkttopologie der $\mathfrak{p}$-adischen Topologien, so ist der durch (1.9) gegebene Isomorphismus $\varrho\colon \prod\limits_{\mathfrak{p}} Sp\,(V_{\mathfrak{p}}) \xrightarrow{\sim} Sp\,(\tilde{V})$ auch topologisch; wir können daher beide Gruppen vermöge ϱ identifizieren. Zusammen mit den durch $h_{\tilde{\mathfrak{a}}}$ induzierten Homomorphismen $\tilde{\varphi}_{\tilde{\mathfrak{a}}}\colon Sp\,(\tilde{V}) \to Sp\,(\tilde{V}/\tilde{\mathfrak{a}}\,\tilde{V})$ und der durch $\sigma \to (j_{\mathfrak{p}}\,\sigma)$ gegebenen Diagonalabbildung $\delta\colon Sp\,(V) \to \prod\limits_{\mathfrak{p}} Sp\,(V_{\mathfrak{p}})$ besteht folgendes kommutative Diagramm:

$$\prod\limits_{\mathfrak{p}} Sp\,(V_{\mathfrak{p}}) \begin{array}{c} \nearrow^{\varrho} \\ \searrow_{\delta} \end{array} \begin{array}{ccc} Sp\,(\tilde{V}) & \xrightarrow{\tilde{\varphi}_{\tilde{\mathfrak{a}}}} & Sp\,(\tilde{V}/\tilde{\mathfrak{a}}\,\tilde{V}) \\ \uparrow_{j} & & \uparrow \\ Sp\,(V) & \xrightarrow{\varphi_{\mathfrak{a}}} & Sp\,(V/\mathfrak{a}\,V) \end{array} \qquad (4.24)$$

Da j und δ topologische Monomorphismen sind, kann $Sp\,(V)$ auch topologisch als Untergruppe der Idelgruppe $Sp\,(\tilde{V})$ aufgefaßt werden.

In Analogie zum lokalen Normalteilersatz beweisen wir:

Globaler Normalteilersatz: *Sei R ein dedekindscher Ring mit endlicher Klassenzahl, V ein freier nichtsingulärer symplektischer Raum über R. Die symplektische Gruppe $Sp\,(V)$ ist in ihrer Idelgruppe $Sp\,(\tilde{V})$ dicht, die Hauptkongruenzgruppen $Sp\,(V, \mathfrak{a})$ sind in $Sp\,(\tilde{V}, \tilde{\mathfrak{a}})$ dicht.*

Ist 2 Einheit in R und haben alle Restklassenkörper $R/\mathfrak{p}$ mehr als 3 Elemente, so sind alle abgeschlossenen Normalteiler von $Sp\,(V)$ von der Form

$$N = Sp\,(V, \mathfrak{a}) \quad oder \quad N = (\pm\,id) \times Sp\,(V, \mathfrak{a}).$$

Beweis: Da die Gruppen von Haupttransvektionen bei $\varphi_{\mathfrak{c}}$ nach (2.9) Epimorphismen erfahren, gilt für die abgeschlossene Hülle $\varDelta\,(V, \mathfrak{a})^{\sim}$ von $\varDelta\,(V, \mathfrak{a})$ in $Sp\,(\tilde{V})$

$$\varDelta\,(V, \mathfrak{a})^{\sim} = \varDelta\,(\tilde{V}, \tilde{\mathfrak{a}}) = \prod\limits_{\mathfrak{p}} \varDelta\,(V_{\mathfrak{p}}, \mathfrak{p}^{\nu_{\mathfrak{p}}} R_{\mathfrak{p}}), \qquad (4.25)$$

wobei $\mathfrak{a} = \prod \mathfrak{p}^{\nu_{\mathfrak{p}}}$ die Primzerlegung von $\mathfrak{a}$ angibt. Anwendung von Satz 2.1 und (1.10) ergibt daher

$$\varDelta\,(V, \mathfrak{a})^{\sim} = Sp\,(\tilde{V}, \tilde{\mathfrak{a}}) \quad \text{für alle } \mathfrak{a} \qquad (4.25')$$

und damit die erste Aussage des Satzes.

Alle $\tilde{\varphi}_{\tilde{\alpha}}$ in (4.24) sind Epimorphismen, da nach (2.9') alle lokalen Abbildungen $Sp\,(V_{\mathfrak{p}}) \to Sp\,(V_{\mathfrak{p}}/\mathfrak{p}'^{\mathfrak{p}}\,V_{\mathfrak{p}})$ epimorph sind. Da $Sp\,(V)$ in $Sp\,(\tilde{V})$ dicht und $Sp\,(V/\mathfrak{a}\,V)$ diskret ist, sind nach (4.24) auch alle

$$\varphi_{\mathfrak{a}}\colon\ Sp\,(V) \to Sp\,(V/\mathfrak{a}\,V) \tag{4.26}$$

Epimorphismen. Nach dem in § 1.3. Gesagten existiert daher ein Höhenbegriff in $Sp\,(V)$ und $Sp\,(\tilde{V})$.

Sei N ein abgeschlossener Normalteiler von $Sp\,(V)$ der Höhe $o_{Sp(V)}(N) = \mathfrak{a} = \prod \mathfrak{p}'^{\mathfrak{p}} \neq (0)$. Da $Sp\,(V)$ in $Sp\,(\tilde{V})$ dicht ist, ist seine abgeschlossene Hülle $\tilde{N}$ in $Sp\,(\tilde{V})$ Normalteiler; es gilt $N = \tilde{N} \cap Sp\,(V)$ und daher $o_{Sp(\tilde{V})}(\tilde{N}) = \tilde{\mathfrak{a}}$. Setzt man $\tilde{N}_{\mathfrak{p}} = pr_{\mathfrak{p}}\tilde{N}$ mit der Projektion $pr_{\mathfrak{p}}\colon Sp\,(\tilde{V}) \to Sp\,(V_{\mathfrak{p}})$, so ist $\tilde{N}$ subdirektes Produkt der $\tilde{N}_{\mathfrak{p}}\colon \tilde{N} \leq \prod\limits_{\mathfrak{p}} \tilde{N}_{\mathfrak{p}}$. Wegen $\tilde{\mathfrak{a}} = \prod (\mathfrak{p}'^{\mathfrak{p}} R_{\mathfrak{p}})$ ist nach (1.10') $Sp^*(\tilde{V}, \tilde{\mathfrak{a}}) = \prod\limits_{\mathfrak{p}} Sp^*(V_{\mathfrak{p}}, \mathfrak{p}'^{\mathfrak{p}} R_{\mathfrak{p}})$, also ist $\tilde{\mathfrak{a}}$ auch das kleinste Ideal in $\tilde{R}$ mit $\prod\limits_{\mathfrak{p}} \tilde{N}_{\mathfrak{p}} \subseteq Sp^*(\tilde{V}, \tilde{\mathfrak{a}})$; daher ist $o_{Sp(V_{\mathfrak{p}})}(\tilde{N}_{\mathfrak{p}}) = \mathfrak{p}'^{\mathfrak{p}} R_{\mathfrak{p}}$ für alle $\mathfrak{p}$. Als Normalteiler von $Sp\,(V_{\mathfrak{p}})$ hat $\tilde{N}_{\mathfrak{p}}$ somit nach dem lokalen Normalteilersatz die Form $Sp\,(V_{\mathfrak{p}}, \mathfrak{p}'^{\mathfrak{p}} R_{\mathfrak{p}})$ oder $(\pm\, id_{\mathfrak{p}}) \times Sp\,(V_{\mathfrak{p}}, \mathfrak{p}'^{\mathfrak{p}} R_{\mathfrak{p}})$, da die $\mathfrak{R}_{\mathfrak{p}} = R/\mathfrak{p}$ von 2 verschiedene Charakteristik und mehr als 3 Elemente haben. Einerseits ist für die natürliche Injektion $Sp^0(V_{\mathfrak{p}}) = \prod\limits_{\mathfrak{q} \neq \mathfrak{p}} (id_{\mathfrak{q}}) \times Sp\,(V_{\mathfrak{p}})$ von $Sp\,(V_{\mathfrak{p}})$ in $Sp\,(\tilde{V})$ die Kommutatorgruppe $[\tilde{N}, Sp^0(V_{\mathfrak{p}})] = \prod\limits_{\mathfrak{q} \neq \mathfrak{p}} (id_{\mathfrak{q}}) \times [\tilde{N}_{\mathfrak{p}}, Sp\,(V_{\mathfrak{p}})] \subseteq \tilde{N}$ für alle $\mathfrak{p}$. Andererseits gilt nach Satz 3.1 $[Sp^*(V_{\mathfrak{p}}, \mathfrak{p}'^{\mathfrak{p}} R_{\mathfrak{p}}), Sp\,(V_{\mathfrak{p}})] = Sp\,(V_{\mathfrak{p}}, \mathfrak{p}'^{\mathfrak{p}} R_{\mathfrak{p}})$. Daher enthält $\tilde{N}$ das Erzeugnis der $Sp^0(V_{\mathfrak{p}}, \mathfrak{p}'^{\mathfrak{p}} R_{\mathfrak{p}})$ für alle $\mathfrak{p}$, also auch dessen abgeschlossene Hülle, die mit $\prod\limits_{\mathfrak{p}} Sp\,(V_{\mathfrak{p}}, \mathfrak{p}'^{\mathfrak{p}} R_{\mathfrak{p}}) = Sp\,(\tilde{V}, \tilde{\mathfrak{a}})$ übereinstimmt. Damit ist

$$Sp\,(\tilde{V}, \tilde{\mathfrak{a}}) \subseteq \tilde{N} \subseteq Sp^*(\tilde{V}, \tilde{\mathfrak{a}})$$

gezeigt, woraus der 2. Teil des Satzes folgt.

Für jeden dedekindschen Ring mit endlicher Klassenzahl stimmt daher die vollständige Hülle $\varprojlim (Sp\,(V/\mathfrak{a}\,V), \varphi_{\mathfrak{a}, \mathfrak{b}})$ von $Sp\,(V)$ mit der Idelgruppe $Sp\,(\tilde{V})$ überein.

An weiteren Konsequenzen des Normalteilersatzes werden angegeben:

1. Folgerung: Für alle Ideale $\mathfrak{a}$ ist $\varDelta\,(V, \mathfrak{a})$ dicht in $Sp\,(V, \mathfrak{a})$. Für jede Kongruenzuntergruppe H von $Sp\,(V)$ der Stufe $\mathfrak{a}$ ist daher $Sp\,(V, \mathfrak{a}) \subseteq H$.

2. Folgerung: Jede Untergruppe H von endlichem Index in $Sp(V)$ hat eine Stufe $\neq (0)$. Sind alle $\mathfrak{K}_\mathfrak{p} = R/\mathfrak{p}$ endlich, so sind für eine Untergruppe H folgende Eigenschaften äquivalent: (a) H Kongruenzgruppe, (b) H abgeschlossen mit endlichem Index, (c) H abgeschlossen mit von (0) verschiedener Stufe.

Zum Beweis der 2. Folgerung ist lediglich zu beachten, daß für eine feste Haupttransvektion $\tau = id + (*, e)\, e$ der Höhe R eine Potenz $\tau^m = id + m\,(*, e)\, e$ einem Normalteiler N von endlichem Index in $Sp(V)$ mit $N \subseteq H$ angehört, was nach Satz 2.2 $\varDelta\,(V, (m)) \subseteq N \subseteq H$ nach sich zieht.

Die 2. Folgerung ist im Fall der gewöhnlichen Modulgruppe $\varGamma_1 = Sp_2(Z) = SL_2(Z)$ über dem Ring Z der ganzrationalen Zahlen als Satz von Fricke bekannt (Wohlfahrt [22]). In diesem Spezialfall ist der hier verwendete Stufenbegriff auf Grund von Satz 2.2 mit dem klassischen von Fricke-Wohlfahrt identisch. Klassische Gegenbeispiele von Fricke im Fall $\varGamma_1$ zeigen, daß nicht jede Untergruppe $H < \varGamma_1$ vom endlichen Index Kongruenzgruppe ist; ein Konstruktionsverfahren solcher Gruppen wird in der Arbeit von Wohlfahrt [22] mit Hilfe dedekindscher Summen angegeben. Dies zeigt nach Folgerung 2, daß die Dichtheitsaussage in der 1. Folgerung im allgemeinen nicht zu einer Gleichheit verschärft werden kann.

3. Folgerung: Sei R ein dedekindscher Ring mit endlicher Klassenzahl und Char $\mathfrak{K}_\mathfrak{p} \neq 2$, $|\mathfrak{K}_\mathfrak{p}| > 3$ für alle $\mathfrak{p}$. Ist R unendlich, so enthält $Sp(V)$ außer dem Zentrum $(\pm\, id)$ keine endlichen Normalteiler.

Denn ein endlicher Normalteiler $\neq (\pm\, id)$ hat von (0) verschiedene Höhe, kann als Kongruenzgruppe daher nicht endlich sein.

Für dedekindsche Ringe mit endlichen Restklassenkörpern ist eine Bestimmung der Sylowgruppen der kompakten Idelgruppe $Sp_{2n}(\widetilde{R})$ weitgehend durch Satz 4.5 geleistet. Für Hauptordnungen endlich-algebraischer Zahlkörper kann jedoch noch eine schärfere Aussage gemacht werden. Diese beruht auf einem klassischen Verfahren von van Dantzig (Schöneborn [20]), wonach auf jeder kompakten p-Gruppe der Ring Z_p der ganzen rational-p-adischen Zahlen als exponentieller Operatorenbereich stetig operiert. Wir benötigen einen auch an sich interessanten Hilfssatz, der eine nicht-kommutative Verallgemeinerung des bekannten Hensel-Hasseschen Verfahrens zur Konstruktion von Grundeinseinheiten darstellt (Hasse [11], § 15, 6.):

Hilfssatz: *Sei H eine kompakte p-Gruppe, filtriert durch eine N-Reihe von offenen Normalteilern H_ν ($H = H_1$) mit $\cap H_\nu = (1)$. Ist von einer Stelle ν_1 an mit einer natürlichen Zahl $e \geq 1$*

$$H_\nu^p H_{\nu+e+1} = H_{\nu+e} \quad \text{für alle} \quad \nu \geq \nu_1, \tag{4.27}$$

so ist H bezüglich Z_p endlich erzeugt. Für die minimale Z_p-Erzeugendenzahl $rg_{Z_p} H_\nu$ gilt

$$rg_{Z_p} H_\nu = \sum_{\varrho=\nu}^{\nu+e-1} rg\,(H_\varrho/H_{\varrho+1}) \quad \text{für große } \nu. \tag{4.28}$$

Beweis: Es genügt (4.28) zu beweisen, denn wegen $(H : H_{\nu_1}) < \infty$ ist mit H_{ν_1} auch H endlich erzeugt über Z_p.

Wegen $[H_\nu, H_\nu] \subseteq H_{2\nu}$ ist $H_\nu/H_{\nu+e+1}$ eine endliche abelsche Gruppe für $\nu \geq e+1$. Nach (4.27) ist daher für $\nu \geq \mathrm{Max}\,(\nu_1, e+1)$ die Potenzierung mit p ein Epimorphismus $\psi_\nu \colon H_\nu/H_{\nu+e+1} \to H_{\nu+e}/H_{\nu+e+1}$, dessen Kern $H_{\nu+1}/H_{\nu+e+1}$ enthält. Die Ränge der elementarabelschen p-Gruppen $H_{\nu+\varrho e}/H_{\nu+\varrho e+1}$ nehmen $\varrho = 1, 2, \ldots$ also höchstens ab, müssen daher schließlich konstant werden, und zwar jeweils für festes ν in einem Intervall $\nu_0 \leq \nu < \nu_0 + e$. Für große $\nu\,\big(\geq \nu_0 \geq \mathrm{Max}\,(\nu_1, e+1)\big)$ induzieren also die $\psi_{\nu+\varrho e} = \psi_\mu$ Isomorphismen

$$\overline{\psi}_\mu \colon H_\mu/H_{\mu+1} \overset{\sim}{\to} H_{\mu+e}/H_{\mu+e+1} \quad \text{für alle} \quad \mu \geq \nu_0.$$

Wählt man daher für festes $\nu \geq \nu_0$ Repräsentanten einer Basis von H_j/H_{j+1}

$$\eta_{ij} \quad \text{in} \quad H_j \quad (\nu \leq j < \nu+e,\; i = 1, \ldots, f_j) \tag{4.29}$$

so sind

$$\eta_{ij}^{p^\varrho} \quad \text{Repräsentanten einer Basis von} \quad H_{j+\varrho e}/H_{j+\varrho e+1}. \tag{4.29_ϱ}$$

Als Ordnung *ord* η wird für ein $\eta \in H$ der größte Index ϱ mit $\eta \in H_\varrho$ bezeichnet; wir schreiben auch $\eta = \eta_\varrho$. Wir behaupten

$$H_\nu = (\eta_{ij}^{Z_p}), \quad j = \nu, \ldots, \nu+e-1;\; i = 1, \ldots, f_j.$$

Dazu wird

$$\varrho = \varrho' + \overline{\varrho} e \quad \text{mit} \quad \nu \leq \varrho' < \nu+e \quad \text{für jedes} \quad \varrho \geq \nu \tag{4.30}$$

mit eindeutig bestimmten $\varrho', \overline{\varrho}$ angesetzt. Dann gilt bei fester Reihenfolge der Produkte für jedes $\eta \in H_\nu$ eine Darstellung

$$\eta \equiv \prod_{j=\nu}^{\nu+e-1} \prod_{i=1}^{f_j} \eta_{ij}^{\sum_{\lambda=0}^{\overline{\varrho}} c_{ij\lambda} p^\lambda} \quad (= \eta^{(\varrho)}) \bmod H_{\varrho+1} \quad \text{für alle} \quad \varrho \geq \nu \tag{4.31_ϱ}$$

mit von ϱ unabhängigen Koeffizienten $c_{ij\lambda}$, die durch die Bedingungen

$$0 \leq c_{ij\lambda} < p \quad \text{und} \quad c_{ij\bar{\varrho}} = 0 \quad \text{für} \quad j > \varrho' \tag{4.31$'_\varrho$}$$

eindeutig bestimmt sind. Zunächst ist (4.31_ν) richtig, denn $\eta \equiv$
$\prod\limits_{i=1}^{l_\nu} \eta_{i\nu}^{c_{i\nu 0}}(H_{\nu+1})$ gilt nach Wahl der $\eta_{i\nu}$ mit eindeutigen $c_{i\nu 0}$ mit
$(4.31'_\nu)$. Sei (4.31_ϱ), $(4.31'_\varrho)$ für alle Indizes $\leq \varrho$ bewiesen. Dann ist
$\eta = \eta^{(\varrho)}\eta_\mu$ mit $\operatorname{ord} \eta_\mu = \mu \geq \varrho+1$, und für das nach (4.30) bestimmte
$\bar{\mu}$ gilt $\bar{\mu} \geq \bar{\varrho}$. Wegen $(4.29_{\bar{\mu}})$ gilt daher

$$\eta_\mu \equiv \prod\limits_{i=1}^{l_{\mu'}} \eta_{i\mu'}^{c_{i\mu'}\,\bar{\mu}\,p^{\bar{\mu}}}(H_{\mu+1}). \tag{4.32}$$

Da $\eta_{i\mu'}^{p^{\bar{\mu}}} \in H_\mu$ und $H_\mu/H_{\mu+1} \subseteq Zentr\,(H_\nu/H_{\mu+1})$ gilt, folgt aus (4.32) und
(4.31_ϱ)

$$\eta \equiv \prod\limits_{j=\nu}^{\nu+e-1} \prod\limits_{i=1}^{l_j} \eta_{ij}^{\sum\limits_{\lambda=0}^{\bar{\mu}} c_{ij\lambda}p^\lambda}(H_{\mu+1}) \quad \text{mit} \quad \mu \geq \varrho+1. \tag{4.31$_\mu$}$$

Hierbei verändern die hinzutretenden Koeffizienten $c_{i\mu'\bar{\mu}}$ die $c_{ij\lambda}$
für $\lambda \leq \bar{\varrho}$ aus (4.31_ϱ) nicht, und die Koeffizienten aus (4.31_μ) erfüllen $(4.31'_\mu)$. Denn entweder findet keine „Ziffernübertragung"
statt: $\bar{\mu} = \bar{\varrho}$, $\mu' > \varrho'$, oder es wird $\bar{\mu} > \bar{\varrho}$. Im ersten Fall sind die
Koeffizienten in (4.31_ϱ) zu den Indextripeln $(i, \mu', \bar{\mu})$ nach $(4.31'_\varrho)$
gleich 0, und in (4.31_μ) treten die $c_{i\mu'\bar{\mu}}$ aus (4.32) neu hinzu. Im
zweiten Fall $\bar{\mu} > \bar{\varrho}$ gilt $(4.31'_\mu)$ um so mehr, als die Indextripel
$(i, \mu', \bar{\mu})$ dann in (4.31_ϱ) nicht auftreten. Damit ist (4.31_ϱ) für alle
$\varrho \geq \nu$ bewiesen. Der Grenzübergang $\varrho \to \infty$ ergibt

$$\eta = \prod\limits_{j=\nu}^{\nu+e-1} \prod\limits_{i=1}^{l_j} \eta_{ij}^{\gamma_{ij}} \quad \text{mit} \quad \gamma_{ij} = \sum\limits_{\lambda=0}^{\infty} c_{ij\lambda}p^\lambda \in Z_p,$$

umgekehrt stellt die rechte Seite für beliebige $\gamma_{ij} \in Z_p$ wegen der
Vollständigkeit von H ein Element aus H_ν dar. Schließlich muß
jedes Z_p-Erzeugendensystem von H_ν ein Repräsentantensystem von
Erzeugenden von H_j/H_{j+1} für $\nu \leq j < \nu + e$ enthalten, womit (4.28)
bewiesen ist.

Satz 4.6: *Sei V ein freier $2n$-rangiger nichtsingulärer symplektischer Raum über dem dedekindschen Ring R mit endlichen Restklassenkörpern $\mathfrak{K}_\mathfrak{p}$ für alle $\mathfrak{p}$. Die $\mathfrak{p}$-Sylowgruppen $Sp\,(\widetilde{V})^{(\mathfrak{p})}$ der*

Idelgruppe $Sp(\tilde{V})$ der symplektischen Gruppe sind von der Form

$$Sp(\tilde{V})^{(p)} \simeq \prod_{p \notin q} Sp_{2n}(\mathfrak{R}_q)^{(p)} \times \prod_{p \in \mathfrak{p}} Sp(V_\mathfrak{p})^{(p)} \qquad (4.33)$$

im Fall Char $R = 0$, *während im Fall* Char $R = q \neq 0$ *gilt*

$$Sp(\tilde{V})^{(p)} \simeq \begin{cases} \prod_q Sp(V_q)^{(p)} & \text{für} \quad p = q \\ \prod_q Sp_{2n}(\mathfrak{R}_q)^{(p)} & \text{für} \quad p \neq q, \end{cases} \qquad (4.33')$$

wobei $Sp_{2n}(\mathfrak{R}_q)^{(p)}$ die p-Sylowgruppen über den endlichen Körpern $\mathfrak{R}_q$ und $Sp(V_\mathfrak{p})^{(p)}$ die topologisch endlich erzeugten p-Sylowgruppen über den $\mathfrak{p}$-adischen Räumen $V_\mathfrak{p}$ bezeichnen.

Ist R Hauptordnung eines endlich algebraischen Zahlkörpers K, *so ist $Sp(V_\mathfrak{p})^{(p)}$ über Z_p endlich erzeugt. Mit absoluter Verzweigungsordnung und Restklassengrad $e_\mathfrak{p}, f_\mathfrak{p}$ gilt für die minimale Z_p-Erzeugendenzahl*

$$rg_{Z_p} Sp(V_\mathfrak{p}, \mathfrak{p}^{\nu \mathfrak{p}} R_\mathfrak{p}) = e_\mathfrak{p} f_\mathfrak{p} \, n\,(2n+1) \quad \text{für alle} \quad \nu > \left[\frac{e_\mathfrak{p}}{p-1}\right]. \qquad (4.34)$$

Beweis: Die wesentliche Aussage des Satzes liegt in der Rangbeziehung (4.34), der erste Teil des Satzes folgt unmittelbar aus Satz 4.5.

Zum Nachweis von (4.34) wird der Hilfssatz auf die $\mathfrak{p}^*$-adisch filtrierte kompakte p-Gruppe $H = Sp(V_\mathfrak{p}, \mathfrak{p}^*)$ angewandt ($\mathfrak{p}^* = \mathfrak{p}R_\mathfrak{p}$); in Satz 4.4 wurde ja festgestellt, daß die $\mathfrak{p}^*$-adische Filtrierung $H_\nu = Sp(V_\mathfrak{p}, \mathfrak{p}^{*\nu})$ eine N-Reihe bildet. Ist $pR_\mathfrak{p} = \mathfrak{p}^{*e} = \pi^e R_\mathfrak{p}\,(e = e_\mathfrak{p})$, so gilt für ein $\eta_\nu = 1_{2n} + A_\nu \pi^\nu \in H_\nu$ wie im kommutativen Fall nach HASSE [11]

$$\eta_\nu^p \equiv 1_{2n} + A_\nu p\,\pi^\nu \left(\mathfrak{p}^{*\nu+e+1} M_{2n}(R_\mathfrak{p})\right) \quad \text{für} \quad \nu > \left[\frac{e}{p-1}\right];$$

hierbei ist $A_\nu \equiv \begin{pmatrix} a_\nu & b_\nu \\ c_\nu & -a_\nu' \end{pmatrix}$ mod $\mathfrak{p}\,M_{2n}(R_\mathfrak{p})$ mit mod $\mathfrak{p} M_n(R_\mathfrak{p})$ symmetrischen b_ν, c_ν. Daher ist $H_\nu^p \subseteq H_{\nu+e} = H \cap \left(1_{2n} + \mathfrak{p}^{*\nu+e} M_{2n}(R_\mathfrak{p})\right)$; doch es gilt sogar $H_{\nu+e} = H_\nu^p H_{\nu+e+1}$ für $\nu > \left[\frac{e}{p-1}\right]$, da nach Satz 4.3 $H_\nu/H_{\nu+1} \xrightarrow{\sim} \mathfrak{Sp}_{2n}(\mathfrak{R}_\mathfrak{p})$ gilt vermöge der Zuordnung $\eta_\nu \to A_\nu$ mod $\mathfrak{p}^* M_{2n}(R_\mathfrak{p})$ für alle ν. Wegen $rg_{\mathfrak{R}_\mathfrak{p}}(H_\varrho/H_{\varrho+1}) = rg_{\mathfrak{R}_\mathfrak{p}}\left(\mathfrak{Sp}_{2n}(\mathfrak{R}_\mathfrak{p})\right) = n\,(2n+1)$ folgt nach (4.28) sogleich (4.34). Nach dem Hilfssatz ist dann $Sp(V_\mathfrak{p})^{(p)}$ endlich Z_p-erzeugt. q.e.d.

Über die p-Sylowgruppen der speziellen linearen Gruppen $SL_m(\mathfrak{R}_q)$ für $p \notin q$ sind einige Resultate erzielt worden (GRÜN [9]), die sich auf die in Satz 4.6 auftretenden Untergruppen $Sp_{2n}(\Re_q)^{(p)} \leq SL_{2n}(\Re_q)$ übertragen.

Schließlich ergeben unsere Strukturaussagen und die lokale Indexformel (4.21) unmittelbar die Indexformeln von KLINGEN [13] für Hauptkongruenzgruppen:

Für dedekindschen Grundring mit endlicher Klassenzahl und endlichen Restklassenkörpern gilt

$$\left(Sp_{2n}(R) : Sp_{2n}(R, \mathfrak{a})\right) = \prod_{\mathfrak{p}/\mathfrak{a}} \left[\Re(\mathfrak{p})^{n(2n+1)(\nu_\mathfrak{p}+1)} \prod_{i=1}^{n} \left(1 - \frac{1}{\Re(\mathfrak{p})^{2i}}\right)\right]. \quad (4.35)$$

Denn es gilt $Sp_{2n}(R)/Sp_{2n}(R, \mathfrak{a}) \simeq Sp_{2n}(R/\mathfrak{a}) \simeq \prod_\mathfrak{p} Sp_{2n}(R/\mathfrak{p}^{\nu_\mathfrak{p}})$, wobei $\mathfrak{a} = \prod \mathfrak{p}^{\nu_\mathfrak{p}}$ gesetzt wurde.

4. Realisierung der vervollständigten Siegelschen Modulgruppe als Galois-Gruppe

Einem Resultat von SHIMURA [21] (p. 14) zufolge ist der Körper K$[m]$ aller Modulfunktionen zur Hauptkongruenzgruppe $\Gamma_n[m] = Sp_{2n}(Z, m)$ der Stufe m über dem Körper K$_0$ aller Siegelschen Modulfunktionen n-ten Grades galoissch mit zu $\Gamma_n/\Gamma_n[m]$ natürlich isomorpher Galois-Gruppe. Die Wirkung von $\Gamma_n/\Gamma_n[m]$ geschieht vermöge K$[m] \ni f \to \bar{\sigma}f$ $\left(\bar{\sigma} \in \Gamma_n/\Gamma_n[m]\right)$ mit $\bar{\sigma}f(z) = f(\sigma^{-1}z)$ für $\sigma \in \bar{\sigma}$ und z aus der Siegelschen oberen Halbebene; sie ist also verträglich mit dem Übergang zu Vielfachen von m. Daher gilt:

Satz 4.7: *Die Galois-Gruppe* $\widetilde{\Gamma}_n$ *des Körpers* K$= \overset{\infty}{\underset{m=1}{\cup}}$ K$[m]$ *aller Modulfunktionen zu Hauptkongruenzgruppen* $\Gamma_n[m]$ *über dem Siegelschen Funktionenkörper* K$_0$ *ist natürlich isomorph zum Produkt aller Siegelschen Modulgruppen* n-*ten Grades über den ganzen p-adischen Zahlen*

$$\widetilde{\Gamma}_n \simeq \prod_p Sp_{2n}(Z_p) \quad (p \text{ alle Primzahlen}).$$

Ihre p-Sylowgruppen sind daher nach Satz 4.6 bekannt.

Literatur

[1] ARTIN, E.: Geometric Algebra. Int. Sci. Tracts **3** (1957).
[2] — The orders of the classical simple groups. Comm. pure appl. Math. **8**, 455—472 (1955).
[3] BOURBAKI, N.: Algèbre Commutative, Chap. 1 et 2. 1963.
[4] — Algèbre, Chap. IX: Formes sesquilinéaires et formes quadratiques. 1959.
[5] CARTAN-EILENBERG: Homological Algebra. Princeton 1956.
[6] DEURING, M.: Algebren. Ergebn. d. Math. **4** (1934).

[7] DIEUDONNÉ, J.: Sur les groupes classiques. Paris: Hermann 1958.

[8] — La géométrie des groupes classiques. Ergebn. d. Math. 5 (1955).

[9] GRÜN, O.: Über Substitutionsgruppen im Galoisfeld $G(p^f)$. J. reine angew. Math. 171, 170—172 (1934).

[10] HASSE, H.: Über die Äquivalenz quadratischer Formen im Körper der rationalen Zahlen. J. reine angew. Math. 152, 205—224 (1923).

[11] — Zahlentheorie, 2. Aufl. Berlin 1963.

[12] KLINGEN, H.: Über die Erzeugenden gewisser Modulgruppen. Nachr. Akad. Wiss. Göttingen Nr. 8, 173—185 (1956).

[13] — Bemerkung über Kongruenzuntergruppen der Modulgruppe n-ten Grades. Archiv d. Math. 10, 113—122 (1959).

[14] KLINGENBERG, W.: Lineare Gruppen über lokalen Ringen. Amer. J. Math. 83, 137—153 (1961).

[15] — Orthogonale Gruppen über lokalen Ringen. Amer. J. Math. 83, 281—320 (1961).

[16] — Die Struktur der linearen Gruppe über einem nichtkommutativen lokalen Ring. Archiv. d. Math. 13, 73—81 (1962).

[17] LAZARD, M.: Sur les groupes nilpotents et les anneaux de Lie. Ann. Sci. l'école norm. sup. 71, 101—190 (1954).

[18] MAGNUS, W.: Über Gruppen und zugeordnete Liesche Ringe. J. reine angew. Math. 182, 142—149 (1940).

[19] O'MEARA: Introduction to quadratic forms. Berlin-Göttingen-Heidelberg: Springer 1963.

[20] SCHÖNEBORN, H.: Über eine Klasse von topologischen Gruppen. Math. Z. 61, 357—373 (1955).

[21] SHIMURA, G.: Modules des varietés abéliennes polarisées et fonctions modulaires III, Séminaire H. CARTAN: Fonctions automorphes, Vol. 2, Exposé 20. Paris 1958.

[22] WOHLFAHRT, K.: Über Dedekindsche Summen und Untergruppen der Modulgruppe. Abh. Math. Sem. Hamburg 23, 5—10 (1959).

[23] ZASSENHAUS, H.: Lehrbuch der Gruppentheorie. Hamburg 1948.

Zusatz bei der Korrektur: Während der Drucklegung dieser Arbeit erhielt ich Kenntnis von folgender Arbeit:

[24] KLINGENBERG, W.: Symplectic groups over local rings, Amer. J. Math. 85, 232—240 (1963), deren Theoreme 2 und 3, 4 sich mit Satz 2.1 bzw. dem lokalen Normalteilersatz vorliegender Arbeit decken Weitere Berührungspunkte bestehen zwischen den Sätzen 2.2, 3.1 sowie den Grundlagen in § 1, 2 und den Klingenbergschen Ergebnissen, soweit es sich um lokale Grundringe handelt. Dabei erscheint der gegenüber [15] wesentlich schärfere Klingenbergsche Begriff eines Unterraumes in [24] im Hinblick auf die Bemerkung in § 1, 1 der vorliegenden Arbeit, die ja sogar für beliebige Grundringe gilt, als unnötig eng. Der in § 4 liegende Schwerpunkt unserer Arbeit wird in [24] nicht berührt.

Inhalt des Jahrgangs 1950:

1. W. TROLL und W. RAUH. Das Erstarkungswachstum krautiger Dikotylen, mit besonderer Berücksichtigung der primären Verdickungsvorgänge. DM 13.40.
2. A. MITTASCH. Friedrich Nietzsches Naturbeflissenheit. DM 8.80.
3. W. BOTHE. Theorie des Doppellinsen-β-Spektrometers. DM 1.90.
4. W. GRAEUB. Die semilinearen Abbildungen. DM 7.20.
5. H. STEINWEDEL. Zur Strahlungsrückwirkung in der klassischen Mesonentheorie. — Die klassische Mesondynamik als Fernwirkungstheorie. DM 1.80.
6. B. HACCIUS. Weitere Untersuchungen zum Verständnis der zerstreuten Blattstellungen bei den Dikotylen. DM 6.20.
7. Y. REENPÄÄ. Die Dualität des Verstandes. DM 6.80.
8. PETERSSON. Konstruktion der Modulformen und der zu gewissen Grenzkreisgruppen gehörigen automorphen Formen von positiver reeller Dimension und die vollständige Bestimmung ihrer Fourierkoeffizienten. DM 9.80.

Inhalt des Jahrgangs 1951:

1. A. MITTASCH. Wilhelm Ostwalds Auslösungslehre. DM 11.20.
2. F. G. HOUTERMANS. Über ein neues Verfahren zur Durchführung chemischer Altersbestimmungen nach der Blei-Methode. DM 1.80.
3. W. RAUH und H. REZNIK. Histogenetische Untersuchungen an Blüten- und Infloreszenzachsen sowie der Blütenachsen einiger Rosoideen, I. Teil. DM 10.—.
4. G. BUCHLOH. Symmetrie und Verzweigung der Lebermoose. Ein Beitrag zur Kenntnis ihrer Wuchsformen. DM 10.—.
5. L. KOESTER und H. MAIER-LEIBNITZ. Genaue Zählung von β-Strahlen mit Proportionalzählrohren. DM 2.25.
6. L. HEFFTER. Zur Begründung der Funktionentheorie. DM 2.30.
7. W. BOTHE. Die Streuung von Elektronen in schrägen Folien. DM 2.40.

Inhalt des Jahrgangs 1952:

1. W. RAUH. Vegetationsstudien im Hohen Atlas und dessen Vorland. DM 17.80.
2. E. RODENWALDT. Pest in Venedig 1575—1577. Ein Beitrag zur Frage der Infektkette bei den Pestepidemien West-Europas. DM 28.—.
3. E. NICKEL. Die petrogenetische Stellung der Tromm zwischen Bergsträßer und Böllsteiner Odenwald. DM 20.40.

Inhalt des Jahrgangs 1953/1955:

1. Y. REENPÄÄ. Über die Struktur der Sinnesmannigfaltigkeit und der Reizbegriffe. DM 3.50.
2. A. SEYBOLD. Untersuchungen über den Farbwechsel von Blumenblättern, Früchten und Samenschalen. DM 13.90.
3. K. FREUDENBERG und G. SCHUHMACHER. Die Ultraviolett-Absorptionsspektren von künstlichem und natürlichem Lignin sowie von Modellverbindungen. DM 7.20.
4. W. ROELCKE. Über die Wellengleichung bei Grenzkreisgruppen erster Art. DM 24.30.

Inhalt des Jahrgangs 1956/1957:

1. E. RODENWALDT. Die Gesundheitsgesetzgebung des Magistrato della sanità Venedigs 1486—1550. DM 13.—.
2. H. REZNIK. Untersuchungen über die physiologische Bedeutung der chymochromen Farbstoffe. DM 16.80.
3. G. HIERONYMI. Über den alternsbedingten Formwandel elastischer und muskulärer Arterien. DM 23.—.
4. Symposium über Probleme der Spektralphotometrie. Herausgegeben von H. KIENLE. DM 14.60.